高等学校计算机类课程应用型人才培养规划教材

离散数学简明教程

徐洁磐　主　编

宋　毅　王嘉鹏
宋艳艳　蒋东玉　副主编

中国铁道出版社

2015年·北京

内 容 简 介

本教材是以内容简明、面向应用为特色的离散数学教材，它适合于课程学时数为 30～50 的教学需要。

全书内容遵循少而精的原则，重点突出，学以致用，并且做到深入浅出。全书共有 7 章：绪言、集合论基础、关系、代数系统、图论、数理逻辑、离散建模。

本教材适用于普通高等学校计算机应用型本科及高职高专学生"离散数学"课程教材之用，也可作为自考、成人业余高校相关专业教材及教学参考之用。

图书在版编目（CIP）数据

离散数学简明教程 / 徐洁磐主编. —北京：中国
铁道出版社，2015.9
高等学校计算机类课程应用型人才培养规划教材
ISBN 978-7-113-20614-7

Ⅰ.①离…　Ⅱ.①徐…　Ⅲ.①离散数学－高等学校－
教材　Ⅳ.①O158

中国版本图书馆 CIP 数据核字（2015）第 139968 号

书　　名：**离散数学简明教程**
作　　者：徐洁磐　主编

策　　划：周海燕　　　　　　　　　　　　　　**读者热线**：400-668-0820
责任编辑：周海燕　鲍　闻
封面设计：付　巍
封面制作：白　雪
责任校对：徐盼欣
责任印制：李　佳

出版发行：中国铁道出版社（100054，北京市西城区右安门西街 8 号）
网　　址：http://www.51eds.com
印　　刷：三河市华业印务有限公司
版　　次：2015 年 9 月第 1 版　　　　2015 年 9 月第 1 次印刷
开　　本：787 mm×1 092 mm　1/16　**印张**：12　**字数**：223 千
书　　号：ISBN 978-7-113-20614-7
定　　价：36.00 元

丛书序

当前，世界格局深刻变化，科技进步日新月异，人才竞争日趋激烈。我国经济建设、政治建设、文化建设、社会建设及生态文明建设全面推进，工业化、信息化、城镇化和国际化深入发展，人口、资源、环境压力日益加大，调整经济结构、转变发展方式的要求更加迫切。国际金融危机进一步凸显了提高国民素质、培养创新人才的重要性和紧迫性。我国未来发展关键靠人才，根本在教育。

高等教育承担着培养高级专门人才、发展科学技术与文化、促进现代化建设的重大任务。近年来，我国高等教育获得前所未有的发展，大学数量从1950年的220余所已上升到2008年的2200余所。但目前诸如学生适应社会以及就业和创业能力不强，创新型、实用型、复合型人才紧缺等高等教育与社会经济发展不相适应的问题越来越凸显。2010年7月发布的《国家中长期教育改革和发展规划纲要（2010—2020年）》提出了高等教育要"建立动态调整机制，不断优化高等教育结构，重点扩大应用型、复合型、技能型人才培养规模"的要求。因此，新一轮高等教育类型结构调整成为必然，许多高校特别是地方本科院校面临转型和准确定位的问题。这些高校立足于自身发展和社会需要，选择了应用型发展道路。应用型本科教育虽早已存在，但近几年才开始大力发展，并根据社会对人才的需求，扩充了新的教育理念，现已成为我国高等教育的一支重要力量。发展应用型本科教育，也已成为中国高等教育改革与发展的重要方向。

应用型本科教育既不同于传统的研究型本科教育，又区别于高职高专教育。研究型本科培养的人才将承担国家基础型、原创型和前瞻型的科学研究，它应培养理论型、学术型和创新型的研究人才。高职高专教育培养的是面向具体行业岗位的高素质、技能型人才，通俗地说，就是高级技术"蓝领"；而应用型本科培养的是面向生产第一线的本科层次应用型人才。由于长期受"精英"教育理念支配，脱离实际、盲目攀比，高等教育普遍存在重视理论型和学术型人才培养的偏向，忽视或轻视应用型、实践型人才的培养。在教学内容和教学方法上过多地强调理论教育、学术教育而忽视实践能力培养，造成我国"学术型"人才相对过剩，而应用型人才严重不足的被动局面。

应用型本科教育不是低层次的高等教育，而是高等教育大众化阶段的一种新型教育层次。计算机应用型本科的培养目标是：面向现代社会，培养掌握计算机学科领域的软硬件专业知识和专业技术，在生产、建设、管理、生活服务等第一线岗位，直接从事计算机应用系统的分析、设计、开发和维护等实际工作，维持生产、生活正常运转的应用型本科人才。计算机应用型本科人才有较强的技术思维能力和技术应用能力，是现代计算机软、硬件技术的应用者、实施者、实现者和组织者。应用型本科教育强调理论知识和实践知识并重，相应地，其教材更强调"用、新、精、适"。所谓"用"，是指教材的"可用性"、"实用性"和"易用性"，即教材内容要反映本学科基本原理、思想、技术和方法在相关现实领域的典型应用，介绍应用的具体环境、条件、方法和效果，培养学生根据现实问题选择合适的科学思想、理论、技术和方法去分析、解决实际问题的能力。所谓"新"，是指教材内容应及时反映本学科的最新发展和最新技术成就，以及这些新知识和新成就在行业、生产、管理、服务等方面的最新应用，从而有效地保证学生"学以致用"。所谓"精"，不是一般意义的"少而精"。事实常常告诉人们"少"与"精"是有矛盾的，数量的减少并不能直接促使提高质量，而且"精"又是对"宽与厚"的直接"背叛"。因此，教材要做到"精"，教材的编写者要在"用"和"新"的基础上对教材的内容进行去伪存真的精练工作，精选学生终身受益的基础知识和基本技能，力求把含金量最高的知识传承给学生。"精"是最难掌握的原则，是对编写者能力和智慧的考验。所谓"适"，是指各部分内容的知识深度、难度和知识量要适合应用型本科的教育层次，适合培养目标的既定方向，适合应用型本科学生的理解程度和接受能力。教材文字叙述应贯彻启发式、深入浅出、理论联系实际、适合教学实践，使学生能够形成对专业知识的整体认识。以上四方面不是孤立的，而是相互依存的，并具有某种优先顺序。"用"是教材建设的唯一目的和出发点，"用"是"新"、"精"、"适"的最后归宿。"精"是"用"和"新"的进一步升华。"适"是教材与计算机应用型本科培养目标符合度的检验，是教材与计算机应用型本科人才培养规格适应度的检验。

中国铁道出版社同高等学校计算机类课程应用型人才培养规划教材编审委员会经过近两年的前期调研，专门为应用型本科计算机专业学生策划出版了理论深入、内容充实、材料新颖、范围较广、叙述简洁、条理清晰的系列教材。本系列教材在以往教材的基础上大胆创新，在内容编排上努力将理论与实践相结合，尽可能反映计算机专业的最新发展；在内容表达上力求由浅入深、通俗易懂；编写的内容主要包括计算机专业基础课和计算机专业课；在内容和形式体例上力求科学、合理、严密和完整，具有较强的系统性和实用性。

本系列教材针对应用型本科层次的计算机专业编写，是作者在教学层次上采纳了众多教学理论和实践的经验及总结，不但适合计算机等专业本科生使用，也可供从事 IT 行业或有关科学研究工作的人员参考，适合对该新领域感兴趣的读者阅读。

本系列教材出版过程中得到了计算机界很多院士和专家的支持和指导，中国铁道出版社多位编辑为本系列教材的出版做出了很大贡献，本系列教材的完成不但依靠了全体作者的共同努力，同时也参考了许多中外有关研究者的文献和著作，在此一并致谢。

应用型本科是一个日新月异的领域，许多问题尚在发展和探讨之中，观点的不同、体系的差异在所难免，本系列教材如有不当之处，恳请专家及读者批评指正。

"高等学校计算机类课程应用型人才培养规划教材"编审委员会

2011 年 1 月

前 言

离散数学是计算机专业的核心课程，自 20 世纪 70 年代末开设至今已有 30 余年历史。在这些年中随着科学技术不断发展、改革开放不断深入，对离散数学课程也不断有新的认识，特别是近年来的变化，使得对离散数学课程的教学改革需要有一个新的飞跃。

1. 离散数学课程教学环境的变化

近年来离散数学教学改革环境产生了重大的变化，主要表现为：

（1）离散数学课程设置由计算机专业而扩展至信息技术领域的多个专业，由大学本科而扩展至高职高专，由研究型而扩展至应用型，由全日制而扩展至业余及成人教育等多种类型。

（2）不同类型与性质学校、不同专业对离散数学的要求也大不相同。

（3）由于高等教育由精英化走向大众化，因此离散数学参学人数越来越多，但学生知识起点参差不齐。

从以上 3 点可以看出，过去大一统的模式，即统一要求、统一内容及统一学时的时代已经结束，而多元化的"春秋战国"时代已经开始，设法解决这些问题就成为离散数学课程教学改革的当务之急。

2. 课程发展趋势

从目前发展趋势看，离散数学课程的要求大致分为以下两类：

第一类：以计算机研究型本科（及以上）为主，其理论要求高，内容多，课程学时数为 70～100。此类型学生占目前的少数。

第二类：以计算机应用型本科（及以下）为主，其理论要求不高，重在计算机科学与技术中的应用，课程学时数为 30～50。此类型学生占目前的大多数。据不完全统计，此类就读人数占整个课程就读人数七成以上。

3. 目前教材市场现状

从目前离散数学教材市场现状看，占多数的是第一类教材，第二类教材偏少。因此，编写第二类应用型离散数学教材已成为当务之急。

4. 第二类课程目标与要求

为编写此类应用型离散数学教材，必须明确课程目标与要求，根据长期调查研究，我们认为，此类教材应该有如下特点：

（1）培养抽象思维与计算思维能力。

（2）为学生所学后续课程（如数据结构、数据库、人工智能、编译原理、软件工程、数据通信、数字逻辑电路）提供知识支撑，也为他们进一步的理论需求（如论文撰写、应用研究）提供基础。

（3）培养学生离散建模能力，为其以后在工作中，将离散数学应用于本专业的研究与开发中提供相应能力。

5. 教材编写原则

根据课程目标与要求，在教材的具体编写中，坚持以下几项原则：

（1）少而精原则

在内容选材上坚持少而精，选取具有代表性的核心内容，通过精讲精练达到举一反三的效果。还要注重所选知识的关联性与一致性，使所选的整体内容是完整的、一致的，从而达到一种新的知识平衡。

教材篇幅适合 30～50 学时的教学需要。

随着科学技术迅速发展，目前的教科书越写越厚。本教材反其道而行之，崇尚"少而精"原则，使学生能在最少时间内掌握离散数学最基本的、必需的知识。

（2）深入浅出原则

教材是面向学生的，为使学生接受数学抽象思维与离散思维，培养其相应能力，在教材中须对离散数学的基本概念与性质做详细的讲解，从具体例子出发以达到抽象的目的。在了解数学的抽象表示的同时，更要注重其形式语义，使学生能掌握离散数学的精髓并能灵活应用。

（3）学以致用原则

离散数学是计算机专业的核心课程，与学习高等数学有着本质上的不同。学习离散数学必须与计算机相结合，为计算机应用服务，而应用的主要内容是包括离散建模在内的一些内容，通过对这些内容的学习，使学生能将离散数学作为工具，解决日常工作中的实际问题。

6. 教材内容组成

（1）基本内容

离散数学内容虽然很多，但根据多年积累，还是以传统四门学科为核心，即集合论（包括关系）、代数系统、图论、数理逻辑。其原因如下：

①从学科观点看，这四门学科相互关联，构成逻辑上的整体。其中集合论是它们的共同研究基础，关系是它们的共同研究内容，代数系统、图论、数理逻辑则反映了对关系研究的不同特色。代数系统是以运算规律研究作为其特色；图论是以抽象结构规律研究作为其特色；数理逻辑是以推理规律研究作为其特色。这三种研究特色较为全面地反映了离散数学研究概貌。

②从目标与要求看，这四门学科能满足一般的离散建模要求，它们也能为后续课程提供支撑，同时，也能较好地培养离散思维与抽象思维能力。

（2）内容的组织

本教材共有七章：绪言、集合论基础、关系、代数系统、图论、数理逻辑、离散建模等。其重点为集合论基础与数理逻辑两章。书中标有"*"的章节不是必需的，可供参考、选择之用。

本书由徐洁磐任主编，宋毅、王嘉鹏、宋艳艳、蒋东玉任副主编。其中第 1~4 章及第 6、7 章由徐洁磐编写，第 5 章由宋毅、王嘉鹏、宋艳艳、蒋东玉编写，最后由徐洁磐统一定稿。宋毅整理了本书的课件等教学资料，需要的读者可以到 http://www.51eds.com 网站进行下载。在本书出版之际，感谢天津师范大学张桂芸教授为审阅本书所做出的辛勤工作，同时感谢南京大学计算机科学与技术系及计算机软件新技术国家重点实验室的费翔林教授、徐永森教授、朱怀宏副教授、柏文阳副教授为本书所提供的支持。

由于编者水平有限，书中不足在所难免，恳请读者不吝赐教。

编　者
2015 年 4 月

目 录

第1章 绪 言

本章主要介绍离散数学的基本概貌,包括它的特征、内容、组成以及与计算机、信息技术的关系等内容,其目的是使读者对离散数学有一个全面的了解。

1. 离散数学及其特征

离散数学是数学的一大门类,以离散量作为研究对象,如自然数、整数、字母表、代码表、符号串及真假值等,而数学分析则以连续量为其研究对象,这两种数学在研究对象上的明显差异,构成了数学的两大门类——离散数学与连续数学。

离散数学有下面几个特征:

(1)离散性——离散数学以离散量为其研究特征,并以介绍离散量间关系为其主要内容。

(2)可计算性——可计算性表示离散数学中的公式求解可通过计算过程实现。说得通俗一点,即可通过计算机的计算实现。

(3)抽象性——离散数学具有比传统数学更高的抽象性。传统数学研究的基础对象是数值,而离散数学研究的基础对象是抽象的元素;传统数学研究的是数值间的运算关系,而离散数学研究的是抽象元素间的多种关系;传统数学中不研究推理的形式化,而离散数学中强调与研究推理的抽象性与形式化。离散数学的抽象性使它具有对实际应用更高与更广的指导意义。

2. 离散数学与计算机科学技术及信息技术

在计算机科学与技术研究中需要使用工具。一般的传统工具是数学与实验。在数学中由于计算机科学技术中的研究对象多为离散量,因此在数学中多选用离散数学作为研究工具。

在计算机的发展历史中,离散数学起着至关重要的作用,在计算机产生前,图灵机理论对冯·诺依曼计算机的出现起到了理论先导作用;布尔代数对数字逻辑电路分析与设计具有指导价值;自动机理论对编译系统开发有着理论意义;谓词逻辑推理理论对程序正确性证明以及软件自动化理论的产生起到了奠基性的作用。此外,将代数系统、数理逻辑与关系理论相结合所开发的关系数据库开创了理论引导产品的先例。同时,离散数学在人工智能及专家系统中均起到了直接的或指导性的作用。

以上已充分证明离散数学作为一种强有力的工具在计算机科学与技术的研究、开发中起到了重要作用。离散数学已成为学习、掌握与研究计算机科学与技术的必须理论基础。

近年来,离散数学在信息技术领域的多个学科中也越来越起到重要的作用。如利用代数系统所开发的编码理论已应用于数据通信中,利用数论所开发的密码技术已广泛应用于信息安全领域中。

3. 离散数学内容组成分析

凡一切以离散量为研究对象的数学均称为离散数学。因此离散数学的内容与领域非常广泛,如目前最为流行的集合论、数理逻辑、代数系统及图论等,此外,如组合数学、数论、离散概率、有限自动机理论、图灵机理论及递归函数论等均属离散数学内容。但就学科而言则有轻重之分。

在数学及在离散数学中有很多独立的分支与学科,对它们的研究均涉及以下三个基本问题:

- 学科的研究对象;
- 学科的研究内容;
- 学科的研究方法。

而在离散数学中,集合是研究学科对象公共规律的一门数学;关系是研究学科内容一般性规则的集合论分支,而在数学及离散数学中,学科的研究方法主要有三种:运算、推理、抽象结构。其中,代数系统是以抽象运算为研究特色,数理逻辑则以推理方法为研究特色,图论是以离散对象上的二元关系抽象结构为研究特色,在计算机学科中特别有用。

因此,在离散数学中的各门分支中,集合论(包括关系)、数理逻辑,图论与代数系统无疑是最为重要的,这四门分支构成了离散数学的核心。

离散数学并不"离散",离散数学四大核心内容之间紧密关联、相互配合,构成一个逻辑上的整体。

4. 离散数学四大核心内容的特性

离散数学课程四大核心内容各有其研究特性,主要表现如下:

(1)集合论(与关系):集合论是数学的基础,也是离散数学的基础。它研究数学中学科分支的关注对象与内容的一般性规则。其中,集合研究数学中各学科分支所关注对象的一般性规则;关系则研究数学中各学科分支所研究内容的一般性规则;而函数则是一种规范、标准的关系,它研究这种特殊关系的一般性规则。

(2)数理逻辑:数理逻辑是以形式逻辑为研究目标,以形式化推理为研究方法的一门数学。其中,谓词逻辑以个体为研究对象,以谓词为研究内容,而以谓词的形式化推理为研究方法。谓词是一种关系表示形式,因此,谓词逻辑是以研究关系的一种形式推理为主要目标。

(3)代数系统:代数系统是以抽象运算为研究内容,以满足某些运算规则所组成的系统为研究方法的一门数学。在代数系统中,运算是一种特殊的关系(它一般是一种二元函数),因此,代数系统也是一种研究特定关系的数学。

(4)图论:图论是以离散对象上的二元关系抽象结构为研究内容,以抽象世界中事物的结构为研究方法,其主要的抽象结构有:路径、树、图等。图论也是一种研究特定关系的数学,其特点是形象、直观。

5. 离散数学与计算机及信息技术

离散数学是计算机专业的核心课程,与计算机及信息技术关系紧密,其主要表现为下面两点:

(1)离散建模。离散数学是为计算机技术领域相关专业学生开设的课程,其设置的目的是作为工具用于相关领域的应用与研究,将离散数学应用于计算机及信息技术领域,构成抽象数学模型,从而可用离散数学理论研究计算机应用,这种模型称离散模型。而构成离散模型的过程称离散建模。

(2)离散模型求解。进一步,用离散数学的可计算性做离散模型求解,并得到结果。

6. 小结

离散数学由五层体系结构组成:

(1)对象层——集合;

(2)内容层——关系;

(3)方法层——代数系统、图论、数理逻辑;

(4)应用层——离散建模;

(5)求解层——可计算性。

五层体系结构可用图 1.1 表示。此图即列出了本教材的基本框架。

本教材共 7 章:第 1 章(本章)为绪言,第 2 章为集合论基础,第 3 章为关系,第 4 章为代数系统,第 5 章为图论,第 6 章为数理逻辑,第 7 章为离散建模。

第 2~6 章分别介绍五层体系结构内容,其中:

对象层在第 2 章集合论基础中介绍。

内容层在第 3 章关系中介绍。

方法层分别在第 4 章代数系统、第 5 章图论、第 6 章数理逻辑中介绍。

应用层在第 7 章离散建模中介绍。

求解层分别在 4.1 节代数系统基本概论、5.3 节图的矩阵表示、6.3 节自动推理——消解原理介绍中介绍。

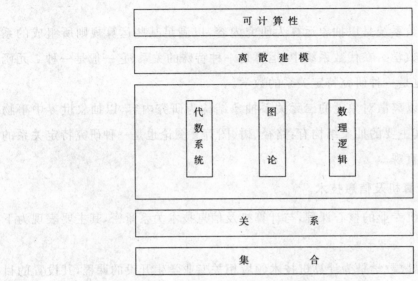

图 1.1 离散数学五层体系结构图

第2章　集合论基础

世界上各门学科在各个领域的研究与应用中,都有其特定的研究对象与目标,它们是各门学科的基础,如物理学的研究对象为客观世界中的物质,化学的研究对象为化学元素及其化合物,数学分析的研究对象是实数,计算机科学的研究对象为二进制数,等等。所有这些研究对象与目标均呈群体形式出现,为研究这些群体的一般性规则与特点,就出现了集合论。因此我们说,集合论是研究世界上各门学科(或领域)对象的一门学科。因此,集合论是一门最基础的学科,对人类社会中的所有学科具有指导性作用。在离散数学的多门学科中,由于集合论的基础性,因此将它作为首要学科进行介绍,而其他的学科均是建立在集合论基础上的并需要用集合论中的理论做指导。

对集合论的研究一般采用数学的方法,所以集合论是一门数学。

首先提出集合论的人是德国数学家康托尔(G. Cantor),他于1874年以数学为工具创立了集合论,为数学的统一提供了基础。经过了一百多年的发展,集合论已成为一门成熟的学科,它作为当代数学大厦的一部分起到了奠基性、支撑性作用。

在现代数学中有两所大厦,它们分别是"连续数学"与"离散数学"。而集合论则是这两所大厦的共同基础。

在当前,集合论的作用已扩大到多个领域,这也包括扩大到计算机科学领域并已成为研究计算机科学的有力工具。

目前,有关集合论的基本内容一般包括四个方面,它们是:

(1)集合基本概念;

(2)集合运算;

(3)集合运算扩充——笛卡儿乘积;

(4)有限集与无限集。

2.1　集合的基本概念

2.1.1　集合介绍

在数学中有些基本概念是无法定义的,由于集合论是数学的基础,而集合的概念又是集合论的基础,因此有关集合中的一些概念一般是无法定义的,故而在本节中有关"集合""元素"等概念我们不进行定义,仅作必要的解释并给出一些性质,使读者对它们有一个全面、完整的了解。

解释 1　集合:一些具有共同目标的对象所汇集在一起的集体称集合。集合一般可用大写字母 $S,A,B,\cdots$ 表示。

解释 2　元素:集合中具有共同目标的对象称元素。也可以说,集合是由元素所组成。元素一般可用小写字母 $e,a,b,c,\cdots$ 表示。

例 2.1　全体自然数构成的集合称为自然数集并记为 **N**,每个自然数是 **N** 的元素。

例 2.2　学校中全体师生员工构成一个集合可用 S 表示,而其中每个教师、学生或员工则是 S 的元素。

例 2.3　计算机的存储单元构成一个集合并可用 M 表示,而其中每个单元则是 M 的元素。

集合中有两个经常用到且较为特殊的集合:一个是空集,一个是全集。这两个集合在集合论中的地位较为重要。

解释 3　空集:不含任何元素的集合称为空集,它可记为 $\varnothing$。

下面是一些空集的例子。

例 2.4　今天全体人员出席会议,此时缺席会议人员的集合为 $\varnothing$。

例 2.5　方程式 $x^2+1=0$ 在实数范围内无解,它在实数范围内的解集可记为 $\varnothing$。

解释 4　全集:在所讨论或关注的范围内所有元素所组成的集合称为全集,可记为 E。

全集是一个相对的概念,与所讨论与关注的范围与对象有关。如在讨论数论时其全集为整数、在讨论微积分时其全集为实数。又如某学校在讨论学生成绩时其全集为指定学校的全体学生,而当教育部在颁布学生奖惩条例时其对象的全集为全国学生。当我们讨论某台计算机时,该台计算机的所有资源构成了它的资源全集,而当我们讨论 Internet 时,则它的资源全集是 Internet 上的所有资源。

在本书中常用的集合有如下一些:

N——自然数集;

Z——整数集;

Q——有理数集;

R——实数集；

C——复数集。

上面所讨论的集合、元素、空集及全集这四个概念构成了集合论中的最基础的概念。

2.1.2　集合的表示方法

集合常用两种表示方法，下面分别进行介绍：

1. 枚举法

枚举法是集合中最常用的表示方法，这种表示法是将集合中的元素一一列举出来并用花括号括住，而元素间则用逗号隔开。下面给出枚举法表示集合的一些例子：

例 2.6　基本的阿拉伯数字：$S=\{0,1,2,3,4,5,6,7,8,9\}$。

例 2.7　开门七件事：$E=\{$柴，米，油，盐，酱，醋，茶$\}$。

例 2.8　一年有四季：$R=\{$春，夏，秋，冬$\}$。

例 2.9　地图中的四个方位：$D=\{E,W,N,S\}$。

在枚举法中有时候为方便起见，有时候对无限多个元素在表示上有困难时，可采用省略的办法，即可将一些元素用省略号"…"表示。下面给出一些例子。

例 2.10　26 个拉丁字母集：$Z=\{a,b,c,\cdots,z\}$

例 2.11　自然数集：$\mathbf{N}=\{0,1,2,3,4,5,\cdots\}$

枚举法是一种显式表示法，它将集合的元素用明显的形式表示出来，这是一种最为直接与常用的表示方法。

2. 特性刻画法

在集合的表示中，有的时候很难将其元素逐个列出或者用显式表示难于实现，此时可采用一种隐式表示的方法，即可用某个唯一刻画元素的性质 P 表示。

一般可用下面的形式表示：

$$S=\{x\mid p(x)\}$$

这个集合 S 表示了它是由满足性质 P 的元素 x 所组成。

例 2.12　自然数集合 $\mathbf{N}=\{x\mid x$ 是自然数$\}$。

例 2.13　$1\sim100$ 的自然数：$\mathbf{N}'=\{x\mid x\geqslant1$ 并且 $x\leqslant100$ 并且 $x\in\mathbf{N}\}$。

例 2.14　满足 $x^2+x-10=0$ 的整数集：$\mathbf{Z}'=\{x\mid x^2+x-10=0$ 且 $x\in$ 整数$\}$。

例 2.15　2008 年北京奥运会冠军的集合：$B=\{x\mid x$ 是 2008 年北京奥运会冠军$\}$。

3. 图示法

除了上述两种表示方法外，还有一种集合的辅助表示方法，即集合的图示法。

集合图示法即 Venn 图法，又称文氏图法——一种用图形表示的、直观形象的集合表示方法，它一般用于表示集合间关系，非常直观有效。

Venn 图表示法由英国数学家 John Venn 所发明,它用平面区域上的一个矩形表示全集,而其他的集合则用矩形中不同的圆表示。图 2.1 表示了在全集 E 中的集合 A 的 Venn 图表示法。

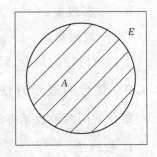

图 2.1　Venn 图表示法

2.1.3　集合概念间的关系

在集合的基本概念中有多种关系,它们是集合与元素间的关系,集合与集合间的关系,下面我们分别进行介绍。

1. 集合与元素间的关系

在元素与集合间存在着"隶属"的关系,即元素 e 是否为集合 S 中的元素。隶属关系可以用符号"$\in$"表示,称为"属于"。如果 e 属于 S,则可记为 $e \in S$;如果 e 不属于 S,则可记为 $e \notin S$。

例 2.16　在自然数集中有

(1) $3 \in \mathbf{N}$;

(2) $2\pi \notin \mathbf{N}$。

例 2.17　在实数集中有

(1) $\pi \in \mathbf{R}$;

(2) $2+5\mathrm{i} \notin \mathbf{R}$。

在元素与集合之间只存在两种关系,即"属于"与"不属于"关系,对于一个元素 e 与一个集合 S,要么 $e \in S$,要么 $e \notin S$,两者必居其一。

例 2.18　每个人的性别非男必女。

例 2.19　任一数要么属于自然数,要么不属于自然数,两者必居其一。

2. 集合与集合间的关系

在集合与集合间存在着两种关系,它们是相离关系与相交关系,任两个集合间两种关系必居其一。

(1) 相离关系

定义 2.1　集合的相离关系:如果集合 A 与 B 间不存在元素 e,使得 $e \in A$ 且 $e \in B$,则称 A 与 B 是相离的。

例 2.20　下面的集合 A 与 B 是相离的。

$$A = \{1,4,7,8,15\}$$
$$B = \{3,18,9\}$$

例 2.21　正整数集:$\mathbf{Z}_+ = \{1,2,3,\cdots\}$ 与负整数集 $\mathbf{Z}_- = \{-1,-2,-3,\cdots\}$ 是相离的。

集合的相离关系可用图 2.2(a) 表示。

（2）相交关系

定义 2.2　集合的相交关系：如果集合 A 与 B 间至少存在一个元素 e，使得 $e \in A$ 且 $e \in B$，则称 A 与 B 是相交的。

例 2.22　下面的集合 A 与 B 是相交的。

$$A = \{1,3,7,8\}$$
$$B = \{2,4,6,8\}$$

例 2.23　自然数集 $\mathbf{N}$ 与整数集 $\mathbf{Z}$ 是相交的。

集合的相交关系可用图 2.2(b)表示。

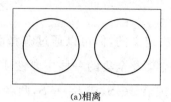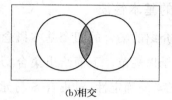

(a)相离　　　　　　　　　　(b)相交

图 2.2　集合相离与相交的 Venn 图

3. 集合相交中的两个特殊关系

在集合的相交关系中有两种经常使用的特殊关系，它们是包含关系与相等关系。

（1）包含关系

定义 2.3　集合的包含关系：设有集合 A 与 B，如果对每个 $e \in B$ 则必有 $e \in A$，则称 A 包含 B，或称 B 是 A 的子集，并可记作 $A \supseteq B$ 或 $B \subseteq A$。在 $A \supseteq B$ 中如果存在 $e' \in A$ 但 $e' \notin B$ 则称 A 真包含 B，或称 B 是 A 的真子集，并可记作 $A \supset B$ 或 $B \subset A$。当 $A \supset B$ 不成立时则称 A 不真包含 B，并记作 $B \not\subset A$。

例 2.24　设有 $A = \{1,2,3,\cdots,100\}$，此时有 $\mathbf{N} \supseteq A$ 并且 $\mathbf{N} \supset A$。

例 2.25　设有集合 A 为南京大学全体师生，集合 B 为南京大学全体学生，C 为南京大学全体教师，此时必有 $A \supseteq B$ 及 $A \supset B$，$A \supseteq C$ 及 $A \supset C$，但是不存在 $B \supseteq C$ 或 $C \supseteq B$，此时可记作 $C \not\supseteq B$ 或 $B \not\supseteq C$。

集合包含关系可以用 Venn 图表示之。图 2.3(a)、(b)分别给出了 $A \supset B$，$B \supset A$ 的 Venn 图表示法。

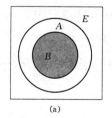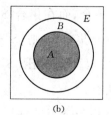

(a)　　　　　　　　　　(b)

图 2.3　集合包含关系之 Venn 图

（2）相等关系

定义 2.4　集合的相等关系：设有集合 A 与 B，如果有 $A \supseteq B$ 且 $B \supseteq A$ 则说 A 与 B 相等，并记作 $A = B$。否则称 A 与 B 不相等，并记作 $A \neq B$。

集合的相等关系可以有另一个定义：

定义 2.5　集合的相等关系：设有集合 A 与 B，如果 A 与 B 有相同元素，则称 A 与 B 相等，记作 $A = B$，否则称 A 与 B 不相等，并记作 $A \neq B$。

集合的相等关系可以用图 2.4 表示。

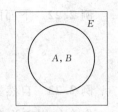

图 2.4　集合相等关系之 Venn 图

2.1.4　集合的基本性质

在前面中介绍的集合的四个基本概念是无法定义的，但可以通过解释而了解，还可以通过若干性质予以规范。下面给出集合、元素、空集及全集的一些主要性质：

（1）集合元素的确定性：对集合 S 与元素 e，或者 $e \in S$，或者 $e \notin S$，两者必居其一。

（2）集合元素的相异性：集合中每个元素均是不相同的。如有 $S = \{a, b\}$，则 a, b 必不相同。

它也可用下面的特性表示：

（3）集合元素的不重复性：集合中不出现重复的元素，如 $\{a, b, b, c\}$ 与 $\{a, b, c\}$ 是同一个集合。

（4）集合元素的无序性：集合中元素与其排列无关，如 $\{a, b, c\}$ 与 $\{b, a, c\}$ 及 $\{c, a, b\}$ 等均是同一个集合。

上面关于集合中元素的四个特性，对规范集合有重要作用。下面是几个关于元素与集合间关系的性质：

（5）集合与元素的相异性：在集合论中集合与元素是两个不同概念，集合是由元素组成，因此集合不等同于元素。下面给出其相异性的若干例子。

例 2.26　设 e 为元素，则 $\{e\}$ 为集合。其中 e 与 $\{e\}$ 是两个不同的概念。

（6）集合与元素的嵌套性：一个集合在不同的环境下也可以是元素。这个性质反映了集合嵌套性。对这个性质须做补充，即集合 A 可以是另一个集合的元素，但不能是它自己的元素，即 $A \notin A$。

例 2.27　如 $\{1, 2\}$ 是集合，而在集合 $S = \{a, b, \{1, 2\}\}$ 中，$\{1, 2\}$ 是 S 的元素。

（7）集合的层次性：设有集合 S，则 $\{S\}$ 也是集合，但 $S \neq \{S\}$，$\{S\}$ 是比 S 更高一层次的集合，同样，有 $\{S\} \neq \{\{S\}\}$，$\{\{S\}\}$ 是比 $\{S\}$ 更高一层次的集合，……，依此类推，可以得到一个集合的多个层次的集合。

下面是介绍若干个空集与全集的性质：

（8）空集是一切集合的子集，即对任一集合 S 都有

$$\varnothing \subseteq S$$

(9)所有集合都是其全集的子集，即对任一集合 S 都有

$$S \subseteq E$$

由性质(8)、(9)可以得到，对任一集合 S 都有 $\varnothing \subseteq S \subseteq E$。

上面的九个性质很重要，它规范了集合中四个基本概念的行为规范与基本属性。

2.2　集　合　运　算

运算是数学中的常用手段，在集合中我们引入集合的运算。它又称集合代数。在此基础上建立运算的一些性质及应用。

2.2.1　集合基本运算

在本节中，定义集合中三个基本的运算：集合的并运算、交运算、补运算。

定义 2.6　集合并运算：将集合 A 与 B 中所有元素合并的运算称 A 与 B 的并运算，可记为 $A \cup B$，所得到的集合 C 称 A 与 B 的并集。即

$$A \cup B = C$$

例 2.28　$A = \{1,2,3,4\}$，$B = \{5,6,7,8\}$，则

$$A \cup B = \{1,2,3,4,5,6,7,8\}$$

例 2.29　$A = \{1,2,3,4\}$，$B = \{2,4,6,8\}$，则

$$A \cup B = \{1,2,3,4,6,8\}$$

定义 2.7　集合的交运算：将集合 A 与 B 中的公共元素取出的运算称 A 与 B 的交运算，可记为 $A \cap B$，所得到的集合 C 称 A 与 B 的交集。即

$$A \cap B = C$$

例 2.30　$A = \{1,3,5,7\}$，$B = \{3,5,7,9\}$，则

$$A \cap B = \{3,5,7\}$$

例 2.31　$A = \{2,4,6,8\}$，$B = \{8,10,12,14\}$，则

$$A \cap B = \{8\}$$

应用集合运算可以定义集合的相离、相交关系。

定义 2.8　集合的相离关系：集合 A 与 B 如满足 $A \cap B = \varnothing$，则称 A 与 B 是相离的，或称分离的。

例 2.32　$A = \{1,3,5,7\}$，$B = \{2,4,6,8\}$，则有 $A \cap B = \varnothing$，此时称 A 与 B 是分离的。

定义 2.9　集合的相交关系：集合 A 与 B 如满足 $A \cap B \neq \varnothing$，则称 A 与 B 是相交的。

定义 2.10　集合的补运算：将集合 A 中所有属于 E 但不属于 A 的元素取出的运算称 A 的补运算，可记为 $\sim A$，所得到的集合 B 称 A 的补集，即

$$\sim A = B$$

例 2.33　设 $E = \mathbf{N}, A = \{0, 1, 3, 5, 7, 9, \cdots\}$，此时有：

$$\sim A = \{2, 4, 6, 8, \cdots\}$$

有关集合的三个运算以及它们的结果集：并集、交集与补集都可以用 Venn 图表示之。它们分别可用图 2.5(a)、(b)、(c)表示。

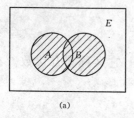　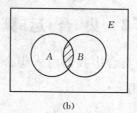　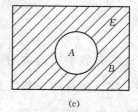

图 2.5　并集、交集与补集的 Venn 图表示

2.2.2　集合运算的 21 个定律

上面定义了集合的两个二元运算、一个一元运算，再加上两个常用集合∅与 E，对它们可以定义集合运算中的如下 21 个定律：

(1)集合的并、交运算满足交换律，即

$$A \cup B = B \cup A \tag{2-1}$$

$$A \cap B = B \cap A \tag{2-2}$$

(2)集合的并、交运算满足结合律，即

$$A \cup (B \cup C) = (A \cup B) \cup C \tag{2-3}$$

$$A \cap (B \cap C) = (A \cap B) \cap C \tag{2-4}$$

(3)集合的并、交运算满足分配律，即

$$A \cup (B \cap C) = (A \cup B) \cap (A \cup C) \tag{2-5}$$

$$A \cap (B \cup C) = (A \cap B) \cup (A \cap C) \tag{2-6}$$

(4)集合的并、交运算满足同一律，即

$$A \cup \varnothing = A \tag{2-7}$$

$$A \cap E = A \tag{2-8}$$

(5)集合的并、交、补运算满足互补律，即

$$A \cup \sim A = E \tag{2-9}$$

$$A \cap \sim A = \varnothing \tag{2-10}$$

(6)集合的并、交运算满足零一律，即

$$A \cup E = E \tag{2-11}$$

$$A \cap \varnothing = \varnothing \tag{2-12}$$

(7)集合的并、交运算满足等幂律，即

$$A \cup A = A \qquad\qquad (2\text{-}13)$$

$$A \cap A = A \qquad\qquad (2\text{-}14)$$

(8)集合的并、交运算满足吸收律,即

$$A \cup (A \cap B) = A \qquad\qquad (2\text{-}15)$$

$$A \cap (A \cup B) = A \qquad\qquad (2\text{-}16)$$

(9)集合的补运算满足双补定律,即

$$\sim(\sim A) = A \qquad\qquad (2\text{-}17)$$

(10)集合的补运算满足否定律,即

$$\sim E = \varnothing \qquad\qquad (2\text{-}18)$$

$$\sim \varnothing = E \qquad\qquad (2\text{-}19)$$

(11)集合的并、交、补运算满足德·摩根(De Morgan)定律:

$$\sim(A \cup B) = \sim A \cap \sim B \qquad\qquad (2\text{-}20)$$

$$\sim(A \cap B) = \sim A \cup \sim B \qquad\qquad (2\text{-}21)$$

这 21 个定律为集合运算奠定了基础。

* 2.2.3　集合运算定律的证明

对集合运算定律的证明可用两种方法:

1. 用定义直接证明

大量的、简单的证明可直接用集合并、交、补的定义及全集、空集以及集合与元素的解释及性质证明。在证明中可采用 Venn 图表示。如式(2-1)至式(2-10)等,它们均可用定义直接证明。

2. 定律证明定律

最常用的方法是用定律证明定律,即用前面已证明过的定律证明后面未证明过的定律,这是一种最为常见的证明方法。

下面用此种证明方法以证明式(2-11)至式(2-21):

定理 2.1　零一律:$A \cup E = E$[式(2-11)]及 $A \cap \varnothing = \varnothing$[式(2-12)]的证明。

证明式(2-11):

$$
\begin{aligned}
A \cup E &= (A \cup E) \cap E & \text{由式(2-8)}\\
&= E \cap (A \cup E) & \text{由式(2-2)}\\
&= (A \cup \sim A) \cap (A \cup E) & \text{由式(2-9)}\\
&= A \cup (\sim A \cap E) & \text{由式(2-5)}\\
&= A \cup \sim A & \text{由式(2-8)}\\
&= E & \text{由式(2-9)}
\end{aligned}
$$

证明式(2-12)：

$$A \cap \varnothing = (A \cap \varnothing) \cup \varnothing \qquad \text{由式(2-7)}$$
$$= \varnothing \cup (A \cap \varnothing) \qquad \text{由式(2-1)}$$
$$= (A \cap \sim A) \cup (A \cap \varnothing) \qquad \text{由式(2-10)}$$
$$= A \cap (\sim A \cup \varnothing) \qquad \text{由式(2-6)}$$
$$= A \cap \sim A \qquad \text{由式(2-7)}$$
$$= \varnothing \qquad \text{由式(2-10)}$$

定理 2.2　等幂律：$A \cup A = A$[式(2-13)]及 $A \cap A = A$[式(2-14)]的证明。

$$A = A \cup \varnothing \qquad \text{由式(2-7)}$$
$$= A \cup (A \cap \sim A) \qquad \text{由式(2-10)}$$
$$= (A \cup A) \cap (A \cup \sim A) \qquad \text{由式(2-5)}$$
$$= (A \cup A) \cap E \qquad \text{由式(2-9)}$$
$$= A \cup A \qquad \text{由式(2-8)}$$

$$A = A \cap E \qquad \text{由式(2-8)}$$
$$= A \cap (A \cup \sim A) \qquad \text{由式(2-9)}$$
$$= (A \cap A) \cup (A \cap \sim A) \qquad \text{由式(2-6)}$$
$$= (A \cap A) \cup \varnothing \qquad \text{由式(2-10)}$$
$$= A \cap A \qquad \text{由式(2-7)}$$

定理 2.3　吸收律：$A \cup (A \cap B) = A$[式(2-15)]及 $A \cap (A \cup B) = A$[式(2-16)]的证明。

证明式(2-15)：

$$A \cup (A \cap B) = (A \cap E) \cup (A \cap B) \qquad \text{由式(2-8)}$$
$$= A \cap (E \cup B) \qquad \text{由式(2-6)}$$
$$= A \cap E \qquad \text{由式(2-11)}$$
$$= A \qquad \text{由式(2-8)}$$

证明式(2-16)：

$$A \cap (A \cup B) = (A \cup \varnothing) \cap (A \cup B) \qquad \text{由式(2-7)}$$
$$= A \cup (\varnothing \cap B) \qquad \text{由式(2-5)}$$
$$= A \cup \varnothing \qquad \text{由式(2-12)}$$
$$= A \qquad \text{由式(2-7)}$$

定理 2.4　双补律：$\sim(\sim A) = A$[式(2-17)]的证明及否定律：$\sim E = \varnothing$[式(1-18)]，$\sim \varnothing = E$[式(1-19)]的证明。

对此定理的证明可分为三个步骤：

(1)证明∅及 E 的唯一性。即只有∅及 E 才能分别满足式(2-7)及式(2-8),也就是说,假设除∅外尚有 X 满足式(2-7),则此时有 $A \cup \varnothing = A$ 及 $A \cup X = A$。下面证明∅$= X$：

将 X 及∅分别代入上面第一式及第二式的 A 内得到

$$X \cup \varnothing = X$$

$$\varnothing \cup X = \varnothing$$

由式(2-1)可得

$$\varnothing = \varnothing \cup X = X \cup \varnothing = X$$

由此得到

$$\varnothing = X$$

用类似的方法可证得只有 E 满足式(2-8)。

(2)证明$\sim A$ 的唯一性。即只有$\sim A$ 才能同时满足式(2-9)、式(2-10),也就是说,假设除$\sim A$ 外尚有 A^* 满足式(2-9),此时有 $A \cup A^* = E$,$A \cup \sim A = E$,下面证明$\sim A = A^*$：

$$
\begin{aligned}
A^* &= A^* \cup \varnothing & \text{由式(2-7)} \\
&= A^* \cup (A \cap \sim A) & \text{由式(2-10)} \\
&= (A^* \cup A) \cap (A^* \cup \sim A) & \text{由式(2-5)} \\
&= (A \cup A^*) \cap (A^* \cup \sim A) & \text{由式(2-1)} \\
&= E \cap (A^* \cup \sim A) & \text{由上述假设},A^* \text{满足式(2-9)} \\
&= (A^* \cup \sim A) \cap E & \text{由式(2-2)} \\
&= A^* \cup \sim A & \text{由式(2-8)}
\end{aligned}
$$

同理可得

$$\sim A = \sim A \cup A^*$$

故

$$\sim A = \sim A \cup A^* = A^* \cup \sim A = A^*$$

由此证得

$$\sim A = A^*$$

用类似的方法可证得式(2-10)中$\sim A$ 的唯一性。

(3)利用 E、∅及$\sim A$ 的唯一性可以证明双补律及否定律：

由于$\sim A \cup A = E$,$\sim A \cap A = \varnothing$,这表示 A 是$\sim A$ 的补集,由于补集的唯一性,因此得到双补律：$\sim(\sim A) = A$。

同法可证得∅与 E 互补。

由式(2-11)、式(2-12)的 A 中分别代以∅及 E：

$$E \cup \varnothing = E, \quad E \cap \varnothing = \varnothing$$

由 E 及∅的唯一性即得∅$= \sim E$ 及$\sim \varnothing = E$。

定理 2.5　对德·摩根定律式(2-20)、式(2-21)的证明。

对式(2-20),有

$$(A \cup B) \cup (\sim A \cap \sim B)$$

$$= (A \cup B \cup \sim A) \cap (A \cup B \cup \sim B) \qquad \text{由式}(2\text{-}5)$$

$$= [(A \cup \sim A) \cup B] \cap [A \cup (B \cup \sim B)] \qquad \text{由式}(2\text{-}1)、式(2\text{-}3)$$

$$= (E \cup B) \cap (A \cup E) \qquad \text{由式}(2\text{-}9)$$

$$= E \cap E \qquad \text{由式}(2\text{-}11)$$

$$= E \qquad \text{由式}(2\text{-}14)$$

对式(2-21),有

$$(A \cup B) \cap (\sim A \cap \sim B)$$

$$= (\sim A \cap \sim B \cap A) \cup (\sim A \cap \sim B \cap B) \qquad \text{由式}(2\text{-}6)$$

$$= [(A \cap \sim A) \cap \sim B] \cup [\sim A \cap (B \cap \sim B)] \qquad \text{由式}(2\text{-}2)、式(2\text{-}4)$$

$$= (\varnothing \cap \sim B) \cup (\sim A \cap \varnothing) \qquad \text{由式}(2\text{-}10)$$

$$= \varnothing \cup \varnothing \qquad \text{由式}(2\text{-}12)$$

$$= \varnothing \qquad \text{由式}(2\text{-}13)$$

由补集的唯一性可得

$$\sim (A \cup B) = \sim A \cap \sim B$$

同理可得

$$\sim (A \cap B) = \sim A \cup \sim B$$

到此为止,我们已经了解了有关集合代数的 21 个公式。

2.2.4　集合运算的应用

我们可以用集合运算的公式表示客观世界的现象,同时用集合论中的研究成果以分析客观现象并取得新的结果。下面用四个例子以分别说明之。

例 2.34　某读者去某图书馆借书,他希望能借到所有 19 世纪法国以农民为题材的长篇小说,以及 2008 年我国出版的不是描写改革开放的长篇小说。请用集合论方法表示之。

解　在此问题中,全集 E 为某图书馆的全部藏书。设有如下集合:

F:所有法国的书;

G:所有 19 世纪的书;

H:所有描写农民题材的书;

R:所有长篇小说;

S:所有 2008 年出版的书;

C:所有中国的书;

K:所有描写改革开放的书。

这样,可用集合论方法表示如下:

$$((G\cap F\cap H\cap R)\cup(S\cap C\cap\sim K\cap R))$$

对其适当化简后，可表示为

$$R\cap((G\cap F\cap H)\cup(S\cap C\cap\sim K))$$

例 2.35　设 A,B,C 为三个集合，已知 $A\cup B=A\cup C,A\cap B=A\cap C$，试证：$B=C$。

解

$$
\begin{aligned}
B &= B\cap(A\cup B) & \text{式(2-16)}\\
&= B\cap(A\cup C) & \text{已知条件}\\
&= (B\cap A)\cup(B\cap C) & \text{式(2-6)}\\
&= (A\cap C)\cup(B\cap C) & \text{已知条件及式(2-2)}\\
&= (A\cup B)\cap C & \text{式(2-6)}\\
&= (A\cup C)\cap C & \text{已知条件}\\
&= C & \text{式(2-16)、式(2-1)}
\end{aligned}
$$

例 2.36　化简 $((A\cup B\cup C)\cap(A\cup B))\cap(A\cup(A\cap C))$。

解

$$
\begin{aligned}
&((A\cup B\cup C)\cap(A\cup B))\cap(A\cup(A\cap C)) &\\
&= (A\cup B)\cap(A\cup(A\cap C)) & \text{式(2-16)}\\
&= (A\cup B)\cap A & \text{式(2-15)}\\
&= A & \text{式(2-16)}
\end{aligned}
$$

例 2.37　兹有寻人启示一则，请用集合论形式表示：

武 WB，山东牟平人，男，13 岁，身高 1.4 m，于本月 15 日放学后走失，至今未归。走失时身着蓝色 T 恤，足穿白色运动鞋，请知其下落者速电告……

解　在此问题中，全集 E 为中国人。设有如下集合：

A：山东牟平人；

B：男人；

C：13 岁的人；

D：身高 1.4 m 的人；

E：穿蓝色 T 恤的人；

F：穿白色运动鞋的人。

这样，可用集合论方法表示寻人启示中的人物特征：

$$A\cap B\cap C\cap D\cap E\cap F$$

2.3　集合的扩充运算

2.3.1　集合的扩充运算之一——集合差运算与对称差运算

在集合论中除了三种基本运算外，尚有差运算及对称差运算，它们是集合基本运算的扩充。

定义 2.11　集合差运算:将集合 A 与 B 中属于 A 而不属于 B 的元素取出的运算称 A 对 B 的差运算,可记为 $A-B$,所得到的集合 C 称 A 对 B 的差集,即

$$A-B=C$$

例 2.38　$A=\{a,b,c,d,e,f\},B=\{b,d,f\}$,则

$$A-B=\{a,c,e\}$$

例 2.39　$\mathbf{N}$ 为自然数,$\mathbf{N}'$ 为奇数自然数,则

$$\mathbf{N}-\mathbf{N}'=\{0,2,4,6,8,\cdots\}$$

定义 2.12　集合对称差运算:将集合 A 与 B 中属于 A 及属于 B 但又不属于 $A\bigcap B$ 的元素取出的运算称 A 与 B 的对称差运算(或称布尔和运算),可记为 $A+B$,所得到的集合 C 称 A 与 B 的对称差集(或称布尔和集),即

$$A+B=C$$

例 2.40　$A=\{a,b,c,d\},b=\{c,d,e,f\}$,则

$$A+B=\{a,b,e,f\}$$

例 2.41　设 $\mathbf{N}'=\{0,2,4,6,8,\cdots\},\mathbf{N}''=\{1,3,5,7,\cdots\}$,则

$$\mathbf{N}'+\mathbf{N}''=\{0,1,2,3,4,5,\cdots\}=\mathbf{N}$$

集合的差运算与对称差运算以及它们的结果集都可以用 Venn 图表示——分别可用图 2.6(a)、(b)表示。

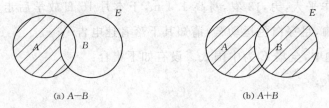

(a) $A-B$　　　　　　　　　　　(b) $A+B$

图 2.6　差集及对称差集的 Venn 图

差运算及对称差运算不是基本运算,它可用前面的三个基本运算定义,即我们有

$$A-B=A\bigcap \sim B$$

$$A+B=(A\bigcap \sim B)\bigcup(B\bigcap \sim A)$$

2.3.2　集合扩充运算之二——幂运算

在集合的很多应用中都会涉及集合元素的所有可能组合,以此为目的可以建构一种新的运算并得到一种新的集合,称为集合的幂运算以及幂集。这是一种集合的一元运算。

定义 2.13　集合幂运算:由集合 S 中所有元素不同组合所组成子集(包括空集及 S 自身)的运算称 S 幂运算,可记为 $\rho(S)$ 或 2^s,而其所得到的集合 S' 称为 S 的幂集,即

$$\rho(S)=S'$$

定理 2.6　设集合 A 由 n 个元素组成,则必有 $\rho(A)$ 为由 2^n 个元素组成。

例 2.42 空集的幂集为 $\rho(\varnothing)=\{\varnothing\}$。

例 2.43 集合 $S=\{a\}$ 的幂集为 $\rho(S)=\{\varnothing,\{a\}\}$。

例 2.44 集合 $S=\{1,2\}$ 的幂集为 $\rho(S)=\{\varnothing,\{1\},\{2\},\{1,2\}\}$。

例 2.45 设 $S=\{a,b,c\}$，此时有

$$\rho(S)=\{\varnothing,\{a\},\{b\},\{c\},\{a,b\},\{b,c\},\{a,c\},\{a,b,c\}\}$$

例 2.46 设有集合 S 的元素个数为 5，则 $\rho(S)$ 的个数为 32。

例 2.47 设集合 $A=\{1,2\}$，$B=\{2,3\}$，求 $\rho(A\bigcap B)$。

解 $\rho(A\bigcap B)=\rho(\{1,2\}\bigcap\{2,3\})=\rho(\{2\})=\{\varnothing,\{2\}\}$

例 2.48 某巡逻队有人员三人，分别为张、王、李，请给出其每天出巡的所有人员方案。

解 某巡逻队人员构成集合 $S=\{张,王,李\}$，其每天出巡的人员方案为：$\rho(S)$。共有 $2^3=8$ 个方案：

$\varnothing$：全体人员不出巡；

S：全体人员出巡；

$\{张\}$：张一人出巡；

$\{王\}$：王一人出巡；

$\{李\}$：李一人出巡；

$\{张,王\}$：张、王两人出巡；

$\{张,李\}$：张、李两人出巡；

$\{王,李\}$：王、李两人出巡。

2.3.3 集合扩充运算之三——笛卡儿乘

在集合论中经常会讨论一些具有特殊结构元素集合的构造，其中笛卡儿乘即是其中一个。它是建立在一种构造叫"序偶"的特殊元素的基础上的。因此在讨论笛卡儿乘前必先讨论序偶。在本节中首先讨论序偶，在此基础上再讨论笛卡儿乘。

1. 序偶

客观世界中客体经常须用有序、相关的两个元素的组合表示，称为序偶。如汉人姓名中姓与名组成了序偶；如火车票中的车厢号与座位号组成了序偶，它确定了旅客的座位位置。

定义 2.14 序偶：两个按一定次序排列的元素 a 与 b 组成一个有序序列称为序偶或有序偶或有序二元组，并可记为 (a,b)，其中 a 与 b 分别称为 (a,b) 的第一分量与第二分量。

注意：序偶构成了两个元素间的次序，并构成了一种新的、特殊结构的元素，其本身并

不表示由两个元素所组成的集合。

序偶的概念很重要,在客观世界中我们经常会遇到序偶。下面用若干例子来说明序偶。

例 2.49 在平面直角坐标系中,点 (x,y) 是一种序偶。

例 2.50 在汉人姓名中 $(姓,名)$ 是一种序偶。

例 2.51 在月份牌中 $(月、日)$ 构成了一种序偶。

下面介绍序偶的两个性质:

序偶性质 1:序偶 (a,b) 与 (c,d) 相等即 $(a,b)=(c,d)$ 的充分必要条件:

$$a=b \text{ 且 } c=d \tag{2-22}$$

序偶性质 2:序偶 (a,b) 有 $(a,b)=(b,a)$ 的充分必要条件:

$$a=b \tag{2-23}$$

这两个性质是序偶的基本性质说明:

• 序偶相等当且仅当它的两个分量相等。

• 序偶中次序是至关重要的,一般而言,(a,b) 与 (b,a) 是两个不同的序偶。

下面用几个例子以说明之。

例 2.52 $(2,3) \neq (3,2)$。

例 2.53 有两人姓名分别为陈苏与苏陈,其序偶分别可表示为:$(陈,苏)$ 与 $(苏,陈)$,这是两个不同的姓名,即:$(陈,苏) \neq (苏,陈)$。

例 2.54 在笛卡儿坐标上的两个点 (x,y) 与 (x',y') 相同的充分必要条件是 $x=x'$ 且 $y=y'$。

在序偶的基础上可以构造序偶集。

定义 2.15 序偶集:以序偶为元素所组成的集合称序偶集。

序偶集普遍存在于客观世界中。下面举几个序偶集的例子。

例 2.55 某校有三幢教学楼分别为甲楼、乙楼与丙楼,每楼有三层,每层有八间教室,分别为 $101\sim108$、$201\sim208$、$301\sim308$。某班学生共修读四门课,它们分别在甲楼 204,乙楼 101、208、丙楼 307 上课,请用序偶集形式表示之。

解 此例中可用序偶 $(楼,教室)$ 表示上课地点。其班学生上课地点可用下面的序偶集表示:

$$C=\{(甲,204),(乙,101),(乙,208),(丙,307)\}$$

2. 笛卡儿乘

在序偶基础上我们可以讨论笛卡儿乘与笛卡儿乘积。

笛卡儿乘是一种二元运算,它是一种由两个集合构造一个序偶集的运算。

定义 2.16 笛卡儿乘:集合 A 与 B 中将 A 中元素作为第一分量,B 中元素作为第二分量构造的所有序偶所形成序偶集的过程,称笛卡儿乘。可记为 $A \times B$。其所形成的结果集 C 是一个序偶集,叫 A 与 B 的笛卡儿乘积,简称笛卡儿积。可表示如下:

$$C = A \times B = \{(a,b) \mid a \in A, b \in B\}$$

例 2.56 一天之内的时间:时与分可用笛卡儿乘积表示。设 $A = \{0,1,2,3,\cdots,23\}$, $B = \{0,1,2,3,\cdots,59\}$,此时可用 $A \times B$ 表示一天之内的时间。

例 2.57 平面直角坐标系上的所有点可用笛卡儿乘积表示:

$$\mathbf{R} \times \mathbf{R} = \{(x,y) \mid x \in \mathbf{R}, y \in \mathbf{R}\}$$

例 2.58 某单位有职工集 E,有部门集 D,则该单位职工分配至部门工作的所有可能组合有 $E \times D$。

例 2.59 学生:A,B,C,选修课程 DB,OS 与 Java 的所有组合是学生 S 与课程 K 的笛卡儿乘积,它可以表示为

$$S = \{A,B,C\}, K = \{DB, OS, Java\}$$
$$S \times K = \{(A, DB), (A, OS), (A, Java), (B, DB), (B, OS), (B, Java),$$
$$(C, DB), (C, OS), (C, Java)\}$$

2.3.4 集合扩充运算之四——无序偶笛卡儿乘

客观世界中的客体也经常用无序、相关的两个元素的组合表示,它称为无序偶,并也可记为 (a,b),其中 a 与 b 分别可称为 (a,b) 的分量。而以无序偶为元素所组成的集合称无序偶集。为在表示上,与序偶区分,有时也可将序偶 (a,b) 写成为 $\langle a,b \rangle$。

在无序偶中:$(a,b) = (b,a)$,这是它与序偶最大不同的性质。

在无序偶基础上,可以讨论无序偶笛卡儿乘与无序偶笛卡儿乘积。

定义 2.17 无序偶笛卡儿乘:集合 A 与 B 中将 A 与 B 中元素分别作为分量构造的所有无序偶所形成无序偶集的过程称笛卡儿乘,可记为 $A \& B$。其所形成的结果集 $C = A \& B$ 是一个无序偶集,叫 A 与 B 的无序偶笛卡儿乘积,简称无序偶笛卡儿积。

下面,一般以讨论序偶为主,在不做特别说明时,(a,b) 指的是序偶。

2.3.5 集合运算扩充之五——n 元有序组与 n 阶笛卡儿乘

在前面的序偶基础上可以将其扩展至多个,而组成 n 元有序组,它可定义如下:

定义 2.18 n 个按一定次序排列的元素 $a_1, a_2, \cdots, a_n$ 组成一个有序序列称为 n 元有序组,并记为 $(a_1, a_2, \cdots, a_n)$。其中 $a_i (i = 1, 2, \cdots n)$ 可称为 $(a_1, a_2, \cdots, a_n)$ 的第 i 个分量。

例 2.60 表示日期:年、月、日可用三元有序组表示:(年、月、日)。

例 2.61 表示时间:时、分、秒可用三元有序组表示:(时、分、秒)。

例 2.62 一个身份证号码是由持有人的:省(自治区、直辖市)、市、区,出生年、月、日以及相应序列号和纠错码等八元有序组组成,它可表示为:

（省（自治区、直辖市）、市、区、年、月、日、序列号、纠错码）

例 2.63   三维空间坐标系上的点可用三元有序组(x,y,z)表示。

n元有序组有如下一些主要性质：

n元有序组性质 1：n元有序组$(a_1,a_2,\cdots,a_n)$与$(b_1,b_2,\cdots,b_n)$相等，即$(a_1,a_2,\cdots,a_n)=(b_1,b_2,\cdots,b_n)$的充分必要条件是：

$$a_i=b_i \quad (i=1,2,\cdots,n) \tag{2-24}$$

n元有序组性质 2：相同元素且不同次序所组成的n元有序组一般是不相等的。

与前面一样，可以用n元有序组组成n元有序组集合。

定义 2.19 n元有序组集：由n元有序组所组成的集合称n元有序组集。

例 2.64   每个人的籍贯：省、市、县可以组成三元有序组：（省、市、县），某公司职工全体的籍贯构成了一个三元有序组集合。

接下来，可以在n元有序组集合的基础上构造n阶笛卡儿乘。

定义 2.20 n阶笛卡儿乘：集合$S_1,S_2,\cdots,S_n$将$S_i(i=1,2,\cdots n)$中元素作为第i个分量构成的所有n元有序组形成n元有序组的过程称n阶笛卡儿乘，可记为$S_1\times S_2\times\cdots\times S_n$，其所形成的结果集$C$是一个$n$元有序组集，叫集合$S_1,S_2,\cdots,S_n$的$n$阶笛卡儿乘积，可表示为：

$$C=S_1\times S_2\times\cdots\times S_n=\{(x_1,x_2,\cdots,x_n)\mid x_i\in S_i(i=1,2,\cdots,n)\}$$

当$S=S_1=S_2=\cdots=S_n$时，n阶笛卡儿乘积可简记为S^n，即$S_1\times S_2\times\cdots\times S_n=S^n$。

例 2.65   三维空间坐标系上的所有点可用三阶笛卡儿乘积表示：

$$\mathbf{R}\times\mathbf{R}\times\mathbf{R}=\mathbf{R}^3=\{(x,y,z)\mid x\in\mathbf{R},y\in\mathbf{R},z\in\mathbf{R}\}$$

例 2.66   计算机内存单元由固定长度为n的有序二进制数组成，它的表示全体可记为：

$$A^n=A\times A\times\cdots\times A=\{(x_1,x_2,\cdots,x_n)\mid x_i\in A(i=1,2,\cdots,n)\}$$

式中，$A=\{0,1\}$。

*2.4   有限集与无限集

在集合中按性质区分可分为有限集与无限集两种，这两种集合由于性质不同，其中任一种集合中的一些特性都不能任意推广至另一种集合中去。

在此节中首先定义有限集与无限集的概念。

定义 2.21   集合S如其元素个数有限则称为有限集，如其元素个数无限则称为无限集。

例 2.67   下面的集合均为有限集：

(1)$S=\{1\,月,2\,月,3\,月,\cdots,12\,月\}$。

(2)$S=\{东、南、西、北\}$。

例 2.68　下面的集合均为无限集：

(1)自然数集 **N** 为无限集；

(2)时间 T 为无限集；

(3)三维空间点集是无限集。

下面,讨论集合大小的量。

定义 2.22　集合 S 大小的量称 S 的基数或势,可记为 $|S|$。

在有限集中集合的基数是其元素个数,它是一个自然数,如：

例 2.69　$S=\{1,2,3,4\}$,则 $|S|=4$。

例 2.70　$S=\{a,b,c,\cdots,z\}$,则 $|S|=26$。

在无限集中集合的基数则有专门的符号表示,如自然数集 **N** 的基数为 $\aleph_0$(念 Aleph 零)。其他与 **N** 一一对应的无限集如整数、有理数等也是 $\aleph_0$,所有这些基数为 $\aleph_0$ 的集合均称可列集。而实数集 **R** 不能与 **N** 一一对应,其基数称为 $\aleph$(念 Aleph)或称 C。与势为 $\aleph$ 一一对应的集合的势也为 $\aleph$,这种集合称连续统。

从基数观点看,常用集合分三个层次,它们是：

(1)有限集：集合的基数 $|S|$ 有限；

(2)可列集：集合的基数为 $\aleph_0$；

(3)连续统：集合的基数为 $\aleph$。

这三个层次集合的基数是有大小的,它们从小到大分别为 $|S|$、$\aleph_0$ 及 $\aleph$。

在计算机科学中,经常讨论的是有限集,有时也会讨论可列集,但是一般不讨论实数集之类的无限集。

由有限集及基数为 $\aleph_0$ 的无限集为基础构成了离散数学,而以基数为 $\aleph$ 的无限集为基础则构成了连续数学。数学的两大门类即以不同的集合为基础所组成的。

小结

集合是数学的基础也是离散数学的基础。本章中主要介绍集合的基本概念、集合运算及有限集与无限集等三部分内容。

1. 集合基本概念

(1)一个概念——集合的概念

①一种解释——集合是由一些具有共同目标的对象所汇集在一起的集体,那些对象称为元素。

②四种特性——集合元素确定性、相异性、不可重复性以及集合元素的无序性。

(2)三种表示法——集合的三种表示法

①枚举法。

②特性刻画法。

③图示法。

(3)两个特殊集合

①空集∅。

②全集 E。

(4)三种集合中的关系

①集合与元素间关系——隶属关系 $A \in B$。

②集合与集合间关系——相交与相离关系。

③相交集合间的关系——包含关系与相等关系。

2. 集合运算

(1)三种基本运算——并运算、交运算与补运算

三种基本运算满足 21 个定律。

(2)扩充运算之一——差及对称差运算。

(3)扩充运算之二——幂运算 $\rho(S)$。

(4)扩充运算之三——笛卡儿乘 $A \times B$。

(5)扩充运算之四——无序笛卡儿乘 $A \& B$。

(6)扩充运算之五——n 阶笛卡儿乘。

3. 有限集与无限集

(1)有限集与无限集定义。

(2)集合的势及其三个层次：$|S|$、$\aleph_0$、$\aleph$。

4. 本章重点内容

(1)集合概念与集合间关系。

(2)集合三种基本运算。

▣ 习题

2.1　请用枚举法列出下面集合的所有元素：

(1)大于 30 且小于 50 的素数集合；

(2)$[-4, +4]$ 区间的所有整数集合；

(3)所有拉丁字母集合。

2.2　请用特性刻画法表示下面的集合：

(1)$\{1,3,5,7,9,\cdots\}$;

(2)$\{7,8,9,10,11,12\}$。

2.3 判别下列各题的正确性:

(1)$\{1,2\}\subseteq\{1,2,3,\{1,2,3\}\}$;

(2)$\{p,g,r\}\subseteq\{p,g,r\},\{p,g,r\}\}$。

(3)$\varnothing\in\{\{\varnothing\}\}$;

(4)$\{a,b\}\in\{a,b\}$。

2.4 设 $A=\{1,2,3,4,5\}$,$B=\{3,4,5,6,7\}$,而全集 $E=\{1,2,3,4,5,6,7,8\}$,试求下列集合的结果并用 Venn 图表示。

(1)$A\cap B$;   (2)$A\cup B$;   (3)$A-B$;

(4)$A+B$;   (5)$\sim A$。

2.5 设 $A=\{1,4\}$,$B=\{1,2,5\}$,$C=\{2,4\}$,而全集 $E=\{1,2,3,4,5\}$,试求下列集合的结果:

(1)$A\cap\sim B$;

(2)$\sim A\cup\sim B$;

(3)$(A\cap B)\cup\sim C$;

(4)$\sim(A\cap B)$。

2.6 请分别用 Venn 图及集合的 21 个定律,证明下面公式的正确性。

(1)$(A\cup C)\cap(\sim A\cup C)=(A\cap C)\cup(\sim A\cap C)$;

(2)$(A\cup B)\cap(A\cup C)=A\cup(B\cap C)$;

(3)$A\cup B=(A\cap B)\cup(A\cap\sim B)\cup(\sim A\cap B)$;

(4)$(A\cup B)\cap(\sim A\cup C)=(A\cap C)\cup(\sim A\cap B)$。

2.7 设 $A=\{1,2,3\}$,$B=\{a,b,c\}$,试求:

(1)$A\times B$;

(2)$B\times A$。

2.8 下列中的哪一条可组成集合? 并说明其理由:

(1)某本书中第 26 页上全体汉字;

(2)人类中高个子的全体;

(3)接近于 0 的数的全体;

(4)张凡的所有朋友;

(5)参加历届奥运会的运动员;

(6)捐助过汶川大地震的人。

2.9 试将下列所述的事件用集合形式表示:

(1)所有选修数据库课程与操作系统课程并且不选修图形学课程的学生；

(2)遭受汶川大地震灾难又捐助过汶川大地震的人同时又是年满花甲的女人。

2.10   下列所述事实能组成无限集吗？请说明之。

(1)宇宙中的星球；

(2)历史上发生过的战争。

2.11   请将下列事实写成笛卡儿乘积：

(1)大学中所有学生分配宿舍的全部组合；

(2)工厂中工人所能选择工种的全部组合。

第3章 关　系

世界上众多学科的研究内容是以关系为核心的。在数学中也是如此。在本章中主要讨论关系的基本概念、表示方法、重要性质，以及关系运算与两种常见的关系。关系一般分为二元关系与多元关系，在本章中主要讨论二元关系。

3.1　关系的基本概念

3.1.1　关系介绍

在大千世界存在着多种变幻莫测、千丝万缕的联系，它们即是关系。如人与人之间有"朋友"关系、"冤家对头"关系、"亲戚"关系、"师生"关系、"上、下级领导"关系、"双亲、子女"关系等等，计算机与外围设备间有"连接"关系、计算机之间有"网络连接"关系。程序间有："调用"关系等。数值间的"<""="关系，变量间的"依赖"关系。所有这一切说明了关系是世界上存在的普遍现象，对它的规律性研究是极端必要的与非常重要的。在数学各门学科中以及世界上众多学科中其主要研究内容即是对该学科中各类复杂关系的研究。而本章所研究的关系是对各学科中关系一般性规则的研究。

对关系的研究，先从一个例子开始。

例3.1　设一旅馆有 n 个房间，每个房间可住两个旅客，所以一共可以住 $2n$ 个旅客。在旅馆内，旅客与房间有"住宿"关系，我们用 R 表示这种关系。为讨论方便起见，设 $n=3$，此时表示旅馆共有三间房间，分别记以 1、2、3，而此时旅馆共住六个旅客分别记以 a,b,c,d,e,f，这些旅客住的房间可用图 3.1 表示。

由图 3.1 可以很清楚地看出，a 与 1 间存在关系 R，我们记作 $aR1$。可以将满足 R 的所有关系列出如下：

$$aR1, bR1, cR2, dR2, eR3, fR3.$$

由此可以看出：

（1）满足 R 的关系 pRq 可看成是一个序偶 (p,q)，如上面

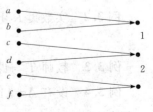

图 3.1　旅客住房示意图

$aR1$ 可写成序偶 $(a,1)$。

（2）满足 R 的所有关系可看成是一个序偶的集合，这个集合即可称为 R：

$$R=\{(a,1),(b,1),(c,2),(d,2),(e,3),(f,3)\}\}$$

（3）上面这种关系称为二元关系，因为它仅牵涉到两个分量间的关系。当然，还可以有三元关系及多元关系。但这里主要讨论二元关系，因为它是最基本的关系。二元关系搞清楚了，多元关系也就清楚了。故本书中除非特别说明，一般所指的关系均为二元关系。

我们可用序偶的集合来定义关系。关系是一些序偶的集合，它可定义如下：

定义 3.1　从集合 A 到集合 B 的关系 R 是一些序偶的集合，这个序偶的第一分量是 A 中的一些元素，第二分量是 B 中一些元素。

（4）在上面的例子中若我们令 $A=(a,b,c,d,e,f)$，$B=\{1,2,3\}$，则例中关系的每一元素均属于 $A\times B$，亦即 R 是 $A\times B$ 的子集，或可写为 $R\subseteq A\times B$。此时，称此关系为从 A 到 B 的关系 R，这样，就可以给关系再下一个定义：

定义 3.2　从集合 A 到集合 B 的一个关系 R 是 $A\times B$ 的一个子集，即有

$$R\subseteq A\times B$$

定义 3.3　在从 A 到 B 的关系 R 中 A 称为 R 的前域，B 称为 R 的陪域。而当 $A=B$ 时，则称 R 为集合 A 上的关系。

定义 3.4　定义域与值域：从 A 到 B 的关系 R 中凡 $(a,b)\in R$ 中的所有 $a\in A$ 所构成的集合称 R 的定义域，可记为 $D(R)$。而所有 $b\in B$ 所构成的集合称 R 的值域，可记为 $V(R)$。一般而言，$A\supseteq D(R)$ 且 $B\supseteq V(R)$。

图 3.2 给出了前域、陪域，以及定义域与值域间的关系。

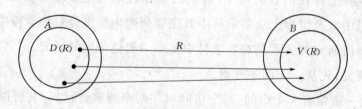

图 3.2　从 A 到 B 的关系 R 中的的 $D(R)$ 与 $V(R)$

定义 3.5　全关系与空关系：从 A 到 B 的关系 R 中，$A\times B$ 称为 R 的全关系；$\varnothing$ 称为空关系。

例 3.2　实数集 R 上的"$<$"关系可定义如下：

$$<=\{(x,y)\mid x\in R,\ y\in R\ \text{且}\ x<y\}$$

例 3.3　教师 T 与课程 C 间的"讲授"关系是 $T\times C$ 的子集，因此是一个关系。

例 3.4　设有 $A=\{1,2,3\}$，$B=\{a,b,c\}$ 则下面的集合 R 是一个从 A 到 B 的关系。

$$R=\{(1,b),(1,c),(2,b),(2,c)\}$$

而 $$D(R)=\{1,2\},V(R)=\{b,c\}$$

$A\times B=\{(1,a),(1,b),(1,c),(2,a),(2,b),(2,c),(3,a),(3,b),(3,c)\}$是全关系。

$\varnothing$是空关系。

3.1.2 关系的表示

关系有四种表示方法。首先,关系是一种集合,因此可有枚举法与特性刻画法。此外,还有图示法与矩阵法。因此,共有枚举法、特性刻画法、矩阵表示法与图示法等四种。

1. 枚举法

关系的枚举法即列出关系中的所有序偶。这是一种最常用的关系表示法。

2. 特性刻画法

这是关系的隐式表示法,即可用一个唯一刻画序偶的性质 P 表示。它可表示为

$$R=\{(x,y)\mid P(x,y)\}$$

3. 矩阵表示法

关系可以用矩阵形式表示,此种矩阵称关系矩阵。

定义 3.6 关系矩阵:设有集合 $A=\{a_1,a_2,\cdots,a_m\}$,$B=\{b_1,b_2,\cdots,b_m\}$,R 是从 A 到 B 的关系,则 R 的关系矩阵是一个 $m\times n$ 矩阵 $\boldsymbol{M}_R=(r_{ij})_{m\times n}$,其中:

$$r_{ij}=\begin{cases}1 & \text{当}(a_i,b_j)\in R\\0 & \text{当}(a_i,b_j)\notin R\end{cases}$$

$$(i=1,2,\cdots,m;j=1,2,\cdots,n)$$

例 3.5 设有集合 $A=\{a,b,c,d\}$,$B=\{1,2,3\}$,$R=\{(a,1),(a,3),(b,2),(c,3),(d,2)\}$,此时有 R 的关系矩阵 $\boldsymbol{M}_R$:

$$\boldsymbol{M}_R=\begin{bmatrix}1&0&1\\0&1&0\\0&0&1\\0&1&0\end{bmatrix}$$

在从 A 到 B 的关系中当 $A=B$ 时则有 R 的关系矩阵为 $m\times m$ 矩阵 $\boldsymbol{M}_R=(r_{ij})_{m\times m}$,其中:

$$r_{ij}=\begin{cases}1 & \text{当}(a_i,b_j)\in R\\0 & \text{当}(a_i,b_j)\in R\end{cases}$$

$$(i,j=1,2,\cdots,m)$$

例 3.6 设有集合 $S=\{1,2,3,4,5\}$,S 上的关系上的 $R=\{(1,1),(2,2),(3,3),(4,4),(5,5)\}$,此时有 S 上的关系矩阵 $\boldsymbol{M}_R$:

$$M_R = \begin{pmatrix} 1 & 0 & 0 & 0 & 0 \\ 0 & 1 & 0 & 0 & 0 \\ 0 & 0 & 1 & 0 & 0 \\ 0 & 0 & 0 & 1 & 0 \\ 0 & 0 & 0 & 0 & 1 \end{pmatrix}$$

4. 图示法

关系可用图的形式表示,称关系图示法。所构成的图称关系图。在关系图示法中从 A 到 B 的关系 R 可用一种图的形式表示。其中 A,B 中的元素可用图中结点表示,而 R 中的序偶 (a_i,b_j) 可用从结点 a_i 到结点 b_j 带箭头的边表示。这样由结点和带箭头的边所构成的图称关系图。为表示方便起见一般 A 与 B 的元素结点分别放置于图的两端。

例 3.7 设 $A=\{a,b,c,d\}$,$B=\{1,2,3\}$,$R=\{(a,1),(a,3),(b,2),(c,3),(d,2)\}$,此时从 A 到 B 的关系 R 的图示法可用图 3.3 表示之。

在关系图示法中当 $A=B$ 时,A 上的关系 R 的图示法与前面的图示法基本一样,不过此时 $A=B$ 的元素结点可以任意放置。

例 3.8 设有集合 $S=\{1,2,3,4,5\}$,S 上的关系 $R=\{(1,1),(1,2),(2,3),(3,4),(4,5),(5,1)\}$ 可用关系图 3.4 表示。

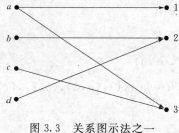

图 3.3　关系图示法之一

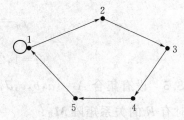

图 3.4　关系图示法之二

注意:在图 3.4 中,$(1,1)$ 可用环表示。

关系的图示法直观、形象,有利于对关系做直观分析。

例 3.9 设有六个程序:p_1、p_2、p_3、p_4、p_5、p_6。它们间有一定的调用关系:p_1 调用 p_2,p_3 调用 p_4,p_5 调用 p_6,p_3 调用 p_5。请用三种方法表示这种"调用"关系:

1. 枚举法

此关系是集合 S 上的关系 R,其中:

$$S=\{p_1,p_2,p_3,p_4,p_5,p_6\}$$
$$R=\{(p_1,p_2),(p_3,p_4),(p_5,p_6),(p_3,p_5)\}$$

2. 矩阵表示法

集合 S 上的 R 可用下面的矩阵 M_R 表示:

$$M_R = \begin{pmatrix} 0 & 1 & 0 & 0 & 0 & 0 \\ 0 & 0 & 0 & 0 & 0 & 0 \\ 0 & 0 & 0 & 1 & 1 & 0 \\ 0 & 0 & 0 & 0 & 0 & 0 \\ 0 & 0 & 0 & 0 & 0 & 1 \\ 0 & 0 & 0 & 0 & 0 & 0 \end{pmatrix}$$

3. 图示法

集合 S 上的关系 R 可用下面的图示法表示如图 3.5 所示。

关系的上述三种表示法实际上也是关系的三种转换法,它将关系的研究转换成对集合论、矩阵以及图论的研究,从而扩展了关系的研究手段与工具。因此,关系表示在关系的研究中极为重要。

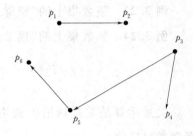

图 3.5 S 上的 R 图示法

*3.2 关系性质

在关系中研究具有某些性质的关系一直是人们讨论的焦点,而这些性质一般有三种,它们是关系中的自反性、对称性与传递性。下面首先定义这些性质:

定义 3.7 关系的自反性:集合 S 上的关系 R,如对 $x \in S$ 必有 $(x,x) \in R$,则称 R 是自反的;如对 $x \in S$ 必有 $(x,x) \notin R$,则称 R 是反自反的。

例 3.10 实数集上的"$=$"关系是自反的,并且不是反自反的。

例 3.11 实数集上的"$\leqslant$"关系是自反的,并且不是反自反的。

例 3.12 实数集上的"$<$"关系不是自反的,并且是反自反的。

例 3.13 集合 $S=\{1,2,3,4\}$ 上的关系 $R=\{(1,1),(1,2),(3,4),(2,2),(4,2)\}$ 它既不是自反又不是反自反。

定义 3.8 关系的对称性:集合 S 上的关系 R:如对 $(x,y) \in R$ 必有 $(y,x) \in R$,则称 R 是对称的;如对 $(x,y) \in R$ 且 $x \neq y$,必有 $(y,x) \notin R$,则称 R 是反对称的。

例 3.14 实数集上的"$<$"关系是反对称的且不是对称的。

例 3.15 实数集上的"$=$"关系是对称的且不是反对称的。

例 3.16 在人集合上的"同志""朋友""邻居"关系均为对称的且不是反对称的。

例 3.17 集合 $S=\{1,2,3,4\}$ 上的关系 $R=\{(1,2),(2,1),(3,4),(4,2)\}$,它既不是对称的,又不是反对称的。

定义 3.9 关系传递性:集合 S 上的关系 R,如有 $(x,y) \in R$ 与 $(y,z) \in R$ 则必有 $(x,z) \in$

R,则称 R 是传递的。

例 3.18　实数集上的"＝""＜""≤"关系均是传递的。

例 3.19　在人的集合上:"同志"关系是传递的。"父子"关系不是传递的。

一般而言,对一个 S 上的关系 R,都存在有上面三种性质中的某一些。

例 3.20　实数集上的"＝"关系是自反的、对称的与传递的。

例 3.21　实数集上的"＜"关系是反自反的,反对称的与传递的。

例 3.22　实数集上的"≤"关系是自反的,与传递的。

例 3.23　整数集上的"整除"关系是自反的反对称的与传递的。

例 3.24　整数集上的"模 2 同余"关系是自反的对称的与传递的。

3.3　关 系 运 算

关系运算是关系理论中的主要手段与工具。在关系运算中一共有四类不同运算,下面逐类讨论之。

3.3.1　关系的并、交、补运算

对从集合 A 到 B 的关系 R 与 R' 存在有并、交、补运算:

$$R''=R\cup R'$$
$$R''=R\cap R'$$
$$R''=\sim R$$

其结果集 R'' 也是从 A 到 B 的关系。同时有全关系为 $A\times B$,空关系为 $\varnothing$。

由于关系是一种集合,因此,可以用集合论中方法定义其并、交、补运算。此外,还可以定义关系的差及对称差运算。

例 3.25　设有 $A=\{a,b,c\}$,$B=\{1,2\}$,且有从 A 到 B 的 R 与 R' 如下:

$$R=\{(a,1),(b,2),(c,1)\}$$
$$R'=\{(a,1),(b,1),(c,1)\}$$

此时有

$$R\cup R'=\{(a,1),(b,1),(b,2),(c,1)\}$$
$$R\cap R'=\{(a,1),(c,1)\}$$
$$E=R\times R'=\{(a,1),(a,2),(b,1),(b,2),(c,1),(c,2)\}$$
$$\sim R=\{(a,2),(b,1),(c,2)\}$$
$$R-R'=\{(b,2)\}$$
$$R+R'=\{(b,1),(b,2)\}$$

3.3.2 关系的复合运算与逆运算

1. 关系的复合运算

在关系中有一种很常见的现象,即两种不同关系可组合成一种新的关系,如"兄妹"关系与"母子"关系可组合成新的"舅甥"关系,双"父子"关系可以组合成新的"祖孙"关系,这种关系的组合可以用一种关系的运算表示,称为复合运算。

定义 3.10 关系的复合运算:设 R 是一个从集合 X 到 Y 的关系而 S 是从 Y 到 Z 的关系,则 R 与 S 的复合运算 $R \circ S$ 可定义为

$$R \circ S = \{(x,z) \mid x \in X, z \in Z$$

至少存在一个 $y \in Y$ 有 $(x,y) \in R$ 且 $(y,z) \in S\}$。

其运算结果 C 是一个从 X 到 Z 的关系,称为 R 与 S 的复合关系。

例 3.26 设有 $X = Y = Z = \{1,2,3,4,5\}$,并有

$$R = \{(1,2),(3,4),(2,2)\}$$
$$S = \{(4,2),(2,5),(3,1)\}$$

此时有

$$R \circ S = \{(1,5),(3,2),(2,5)\}$$
$$S \circ R = \{(4,2),(3,2)\}$$
$$R \circ R = \{(1,2),(2,2)\}$$
$$S \circ S = \{(4,5)\}$$

由于关系有四种表示方法,因此关系复合运算也可有四种表示方法,其中常用的是枚举法与特性刻画法,此外,矩阵法与图示法也经常用到。下面,分别介绍后面两种方法:

(1)关系复合运算的图示法。可以用关系图表示关系的复合运算,下面举例说明。

例 3.27 设有 $X = \{x_1, x_2\}$,$Y = \{y_1, y_2, y_3, y_4\}$,$Z = \{z_1, z_2, z_3\}$,并设 R 是从 X 到 Y 的关系,R' 是从 Y 到 Z 的关系:

$$R = \{(x_1, y_1),(x_2, y_3),(x_1, y_2)\}$$
$$R' = \{(y_4, z_1),(y_2, z_2),(y_3, z_3)\}$$

由此可得到从 X 到 Z 的 $R_1 \circ R_2'$ 如下:

$$R \circ R' = \{(x_2, z_3),(x_1, z_2)\}$$

它也可以用图 3.6(a)所示的图示法表示。在该图中,从 X 到 Z 中有相连边的组成新的关系,它可用图 3.6(b)所示。

(2)关系复合运算的矩阵表示法。可以用矩阵法表示关系的复合运算。设有集合 X,Y 与 Z 其中 $|X| = m$,$|Y| = n$,$|Z| = p$,而 R 是从 X 到 Y 的关系,R' 是从 Y 到 Z 的关系。此时有 $\boldsymbol{M}_R$ 是一个 m 行 n 列的矩阵,$\boldsymbol{M}_{R'}$ 是一个 n 行 p 列的矩阵,而 R 与 R' 的复合运算可

用矩阵的布尔乘($\times$)表示,而其结果是一个从 X 到 Z 的关系 C。它的关系矩阵是一个 m 行 p 列的矩阵 $\boldsymbol{M}_{R \cdot R'}$,即

$$\boldsymbol{M}_C = \boldsymbol{M}_{R \cdot R'} = \boldsymbol{M}_R(\times)\boldsymbol{M}_{R'}$$

布尔乘是一种按布尔运算所进行的矩阵乘法。

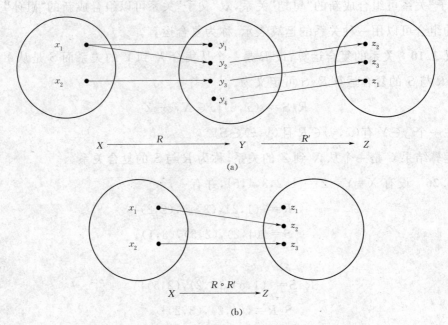

图 3.6   关系复合运算的图示法

例 2.28   对上例中:

$$\boldsymbol{M}_R = \begin{bmatrix} 1 & 1 & 0 \\ 0 & 1 & 0 \\ 0 & 0 & 0 \end{bmatrix} \qquad \boldsymbol{M}_{R'} = \begin{bmatrix} 0 & 1 & 0 \\ 0 & 0 & 1 \\ 0 & 0 & 1 \end{bmatrix}$$

此时有

$$\boldsymbol{M}_C = \boldsymbol{M}_{R \cdot R'} = \begin{bmatrix} 1 & 1 & 0 \\ 0 & 1 & 0 \\ 0 & 0 & 0 \end{bmatrix}(\times)\begin{bmatrix} 0 & 1 & 0 \\ 0 & 0 & 1 \\ 0 & 0 & 1 \end{bmatrix} = \begin{bmatrix} 0 & 1 & 1 \\ 0 & 0 & 1 \\ 0 & 0 & 0 \end{bmatrix}$$

2. 关系逆运算

关系是有序的,即从 A 到 B 的关系与从 B 到 A 的关系一般讲是两种不同的关系,如"双亲子女"关系与"子女双亲"关系上两种不同的关系,又如"$\leqslant$"关系与"$\geqslant$"关系也是不同的关系,它们之间是一种"互逆"的关系。如何将一个关系转换成它的逆关系也是关系中经常出现的一种现象,在关系中这种现象可用关系的一种运算表示,可称为关系的逆运算。

定义 3.11   关系逆运算:设 R 是一个从集合 X 到 Y 的关系,即 $R = \{(x, y) \mid x \in X,$

$y \in Y\}$，则 R 的逆运算可定义为

$$\widetilde{R} = \{(y,x) \mid (x,y) \in R\}$$

此时其运算结果是一个从 Y 到 X 的关系，称为 R 的逆关系。

例 3.29 设 $X = \{1,2,3\}$，$Y = \{a,b,c\}$，且设有从 X 到 Y 的关系 R：

$$R = \{(1,a),(2,b),(3,c)\}$$

则有从 Y 到 X 的关系可表示如下：

$$\widetilde{R} = \{(a,1),(b,2),(c,3)\}$$

与关系复合运算一样，关系的逆运算也有四种表示方法。下面介绍图示法与矩阵表示法。

(1)关系逆运算的图示法。可以用关系图表示关系的逆运算。其方法是将原关系图中的边的箭头方向改变后即成为逆关系的关系图。

例 3.30 设有 $X = \{x_1,x_2,x_3\}$，$Y = \{y_1,y_2,y_3\}$，一个从 X 到 Y 的关系 R：

$$R = \{(x_1,y_2),(x_2,y_3),(x_3,y_1)\}$$

R 的关系图可见图 3.7(a)，此时它的逆关系图即将 R 的关系图中边的箭头改变方向后即成，如图 3.7(b)所示。

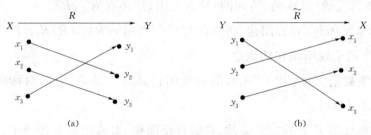

(a)   (b)

图 3.7 关系逆运算之图示法

(2)关系逆运算的矩阵表示法。可以用矩阵表示法表示关系逆运算。对一个 R 的关系矩阵 $\boldsymbol{M}_R$ 的逆运算可用 $\boldsymbol{M}_R$ 的转置矩阵表示，即 $\boldsymbol{M}_{\widetilde{R}} = \boldsymbol{M}_R^{\mathrm{T}}$。

例 3.31 对上例中，有 R 的关系矩阵为

$$\boldsymbol{M}_R = \begin{bmatrix} 0 & 1 & 0 \\ 0 & 0 & 1 \\ 1 & 0 & 0 \end{bmatrix}$$

而它的逆关系 $\widetilde{R}$ 的关系矩阵为

$$\boldsymbol{M}_{\widetilde{R}} = \boldsymbol{M}_R^{\mathrm{T}} = \begin{bmatrix} 0 & 0 & 1 \\ 1 & 0 & 0 \\ 0 & 1 & 0 \end{bmatrix}$$

3.3.3 关系上的闭包运算

关系上的闭包运算是一种特殊的运算,它与关系上的自反性、对称性及传递性有关。对任一个关系 R,它一般并不一定具有自反性、对称性或传递性,为使其拥有某些性质,必须对 R 作扩充,而这种扩充有多种,凡是能使 R 拥有某些性质但又是最小的扩充称 R 的闭包运算,而 R 经该运算后所得到的关系称闭包。

R 的闭包一般有三种:

- 自反闭包;

- 对称闭包;

- 传递闭包。

下面对闭包概念做一个明确的定义:

定义 3.12 闭包运算:设 R 是集合 S 上的一个关系,则 R 的自反(对称、传递)闭包运算是一个一元运算,它是 R 的一个扩充,扩充后所形成的关系 R' 称 R 的自反(对称、传递)闭包,它满足:

(1) R' 是自反的(对称的、传递的);

(2) $R' \supseteq R$;

(3)设 R'' 是自反的(对称的、传递的)且 $R'' \supseteq R$,则必有 $R'' \supseteq R'$。

通常,R 的自反闭包、对称闭包、传递闭包可分别用 $r(R)$、$s(R)$ 及 $t(R)$ 表示。

下面用几个例子说明闭包的概念。

例 3.32 整数集 Z 上的"$<$"关系的自反闭包是"$\leqslant$"关系,它的对称闭包是"$\neq$";而它的传递闭包是它自身。

例 3.33 整数集 Z 上的"$=$"关系,它的自反闭包、对称闭包及传递闭包都是它自己。

例 3.34 设有 $S=\{1,2,3\}$,且有 S 上的关系 R 如下:

$$R=\{(1,2),(1,3)\}$$

则有

$$r(R)=\{(1,2),(1,3),(1,1),(2,2),(3,3)\}$$
$$s(R)=\{(1,2),(2,1),(1,3),(3,1)\}$$
$$t(R)=\{(1,2),(1,3)\}=R$$

下面,讨论闭包的具体构造。对此,有以下三个定理:

定理 3.1 设 R 是集合 S 上的关系,则有

$$r(R)=R \cup Q$$

式中,$Q=\{(x,x)|x \in S\}$。

定理 3.2 设 R 是集合 S 上的关系,则有

$$s(R)=R \cup \widetilde{R}$$

定理 3.3　设 R 是集合 S 上的关系,并设 $|S|=n$,则有

$$t(R)=\bigcup_{i=1}^{n}R^i=R\cup R^2\cup R^3\cup\cdots\cup R^n$$

这三个定理给出了自反闭包、对称闭包、传递闭包的构造方法。

利用这三个定理还可以用矩阵表示法得到自反闭包、对称闭包及传递闭包。

(1)R 的自反闭包可以用矩阵表示法计算:

$$\boldsymbol{M}_{r(R)}=\boldsymbol{M}_R(+)\boldsymbol{E}$$

式中,($+$)为矩阵中的布尔加,而 $\boldsymbol{E}$ 为与 $\boldsymbol{M}_R$ 同阶的单位矩阵。

(2)R 的对称闭包可以用矩阵表示法计算:

$$\boldsymbol{M}_{S(R)}=\boldsymbol{M}_R(+)\boldsymbol{M}_R^{\mathrm{T}}$$

(3)R 的传递闭包可以用矩阵表示法计算:

$$\boldsymbol{M}_{t(R)}=\boldsymbol{M}_R(+)\boldsymbol{M}_R^2(+)\cdots(+)\boldsymbol{M}_R^n$$

利用这三个定理也可以用图示法得到自反闭包、对称闭包、传递闭包。

(1)R 的自反闭包可在 R 的关系图上结点没有自回路处添上环就构成了 $r(R)$ 的关系图。

(2)R 的对称闭包可在 R 的关系图上所有单向边画成为箭头相反的双向边就构成了 $s(R)$ 的关系图。

(3)R 的传递闭包可在 R 的关系图的每个结点 $a_i(i=1,2,\cdots,n)$ 出发,找出所有 2 步,3 步,$\cdots\cdots$,n 步长的有向边,设有向边的终点为:a_{j1},a_{j2},$\cdots$,a_{jk},从 a_i 依次用有向边连接到 a_{j1},a_{j2},$\cdots$,a_{jk},当检查完所有结点后就画出了 $t(R)$ 的关系图。

例 3.35　设有 $S=\{1,2,3\}$ 上的关系 $R=\{(1,2),(2,3),(3,2),(3,3)\}$ 试求 $r(R)$,$s(R)$ 与 $t(R)$。

$$r(R)=R\cup Q=\{(1,2),(2,3),(3,2),(3,3)\}\bigcup\{(1,1),(2,2),(3,3)\}$$
$$=\{(1,1),(1,2),(2,3),(3,2),(3,3),(2,2)\}$$
$$s(R)=R\cup\widetilde{R}=\{(1,2),(2,3),(3,2),(3,3)\}\bigcup\{(2,1),(3,2),(2,3)\}$$
$$=\{(1,2),(2,1),(2,3),(3,2),(3,3)\}$$
$$t(R)=R\cup R^2\cup R^3=\{(1,2),(2,3),(3,2),(3,3)\}\bigcup\{(1,3),(2,2),(2,3),(3,3)(3,2)\}$$
$$\bigcup\{(1,2),(1,3),(2,3),(3,3),(2,2),(3,2)\}$$
$$=\{(1,2),(1,3),(2,2),(2,3),(3,2),(3,3)\}$$

再用矩阵表示法:

$$\boldsymbol{M}_R=\begin{pmatrix}0&1&0\\0&0&1\\0&1&1\end{pmatrix}$$

$$\boldsymbol{M}_{r(R)} = \boldsymbol{M}_R(+)\boldsymbol{E} = \begin{pmatrix} 0 & 1 & 0 \\ 0 & 0 & 1 \\ 0 & 1 & 1 \end{pmatrix} (+) \begin{pmatrix} 1 & 0 & 0 \\ 0 & 1 & 0 \\ 0 & 0 & 1 \end{pmatrix} = \begin{pmatrix} 1 & 1 & 0 \\ 0 & 1 & 1 \\ 0 & 1 & 1 \end{pmatrix}$$

$$\boldsymbol{M}_{s(R)} = \boldsymbol{M}_R(+)\boldsymbol{M}_R^{\mathrm{T}} = \begin{pmatrix} 0 & 1 & 0 \\ 0 & 0 & 1 \\ 0 & 1 & 1 \end{pmatrix} (+) \begin{pmatrix} 0 & 0 & 0 \\ 1 & 0 & 1 \\ 0 & 1 & 1 \end{pmatrix} = \begin{pmatrix} 0 & 1 & 0 \\ 1 & 0 & 1 \\ 0 & 1 & 1 \end{pmatrix}$$

$$\boldsymbol{M}_{t(R)} = \boldsymbol{M}_R(+)\boldsymbol{M}_R^2(+)\boldsymbol{M}_R^3 = \begin{pmatrix} 0 & 1 & 0 \\ 0 & 0 & 1 \\ 0 & 1 & 1 \end{pmatrix} (+) \begin{pmatrix} 0 & 0 & 1 \\ 0 & 1 & 1 \\ 0 & 1 & 1 \end{pmatrix} (+) \begin{pmatrix} 0 & 1 & 1 \\ 0 & 1 & 1 \\ 0 & 1 & 1 \end{pmatrix} = \begin{pmatrix} 0 & 1 & 1 \\ 0 & 1 & 1 \\ 0 & 1 & 1 \end{pmatrix}$$

还可用图示法:

关系 R 的图可见图 3.8(a),而它的自反闭包、对称闭包与传递闭包的关系图可分别见图 3.8(b)、(c)、(d)。

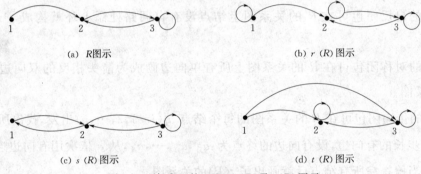

(a) R 图示　　　　　　　　　　　　　(b) $r(R)$ 图示

(c) $s(R)$ 图示　　　　　　　　　　　　(d) $t(R)$ 图示

图 3.8　关系 R 的 $r(R)$、$s(R)$ 及 $t(R)$ 图示

例 3.36　设有四个村庄:A,B,C,D。它们之间有路相连,分别为 A 到 B,A 到 C 及 A 到 D。请问这四个村庄间是否都有相连。

解　设有 $S=\{A,B,C,D\}$,S 上的关系 $R=\{(A,B),(A,C),(A,D)\}$。

由于路的相连满足自反性,所以有 $R'=r(R)=\{(A,B),(A,C),(A,D),(A,A),(B,B),(C,C),(D,D)\}$。

由于路的相连满足对称性,所以有 $R''=s(R')=\{(A,B),(B,A)(A,C),(C,A),(A,D),(D,A),(A,A),(B,B),(C,C),(D,D)\}$。

路的相连满足传递性,因此四个村庄是否有路连通可化为

$$t(R'') = \boldsymbol{S} \times \boldsymbol{S} = \boldsymbol{E}$$

此时有　$t(R'') = R'' \bigcup (R'')^2 \bigcup (R'')^3 \bigcup (R'')^4 = \{(A,A),(B,B),(C,C),(D,D)(A,B),(B,A),(A,C),(C,A),(A,D),(D,A),(B,C),(C,B),(B,D),(D,B),(C,D),(D,C)\}$

$$= \boldsymbol{S} \times \boldsymbol{S} = \boldsymbol{E}$$

因此,最后的结论是:这四个村庄间是相互连通的。

*3.4 两种常用的关系

在关系中有两种关系是我们经常需要用到的,它们是次序关系与等价关系,都是满足某些性质(自反性、对称性及传递性)的特殊关系。

3.4.1 次序关系

"次序"是我们经常碰到的一种关系,在日常生活中所遇到的"次序"关系是很多的,如体育竞赛中的排名,姓字笔画排序,字典次序排序以及多项指标综合排序,等等。在本节中,将这些次序关系分为两大类型并用关系理论加以定义与研究。它们是:

- 偏序关系;
- 拟序关系。

在次序关系中,我们将用关系的三个性质去表示。一般来讲,次序关系必满足反对称性与传递性。这两个性质是构成次序关系的基本必要条件。以此为基本准则,再加上满足自反性的条件,将次序关系分为两种:

- 偏序关系——满足自反性的次序关系,即满足自反性、反对称性及传递性;
- 拟序关系——满足反自反性的次序关系,即满足反自反性、反对称性及传递性。

进一步可对偏序关系做分解。它有两种排列次序,一种是所有元素均能顺序排序而另一种则不能。前面的一种称为线性次序关系或称全序关系,而后一种称为非线性次序关系。

- 线性次序关系——所有元素均能顺序排列的偏序关系。
- 非线性次序关系——有些元素不能顺序排列的偏序关系。

在这里,主要讨论线性次序关系。

在线性次序关系中,有一种特别重要的关系——字典次序关系。在日常工作中,我们经常会用到。下面,对其进行介绍。

这样,在次序关系中我们将一共介绍五种关系,重点介绍其中四种。它们之间的关联,可用图 3.9 表示。

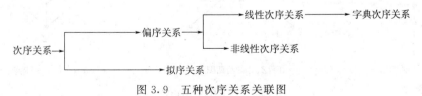

图 3.9 五种次序关系关联图

下面,分别讨论这几种关系。

1. 偏序

偏序关系是次序关系中最为常见的一种,我们对它首先进行讨论。

定义 3.13　偏序关系：集合 S 上的关系 R 如果是自反的、反对称的又是传递的,则称 R 在 S 上是偏序的或称 R 是 S 上的偏序关系并可记为 (S,R)。

一般可用符号："$\leqslant$"表示偏序。(注意：它并不表示数值中的小于或等于符号)。

例 3.37　集合 S 所组成的幂集 $\rho(S)$ 上的关系："$\subseteq$"是自反的、反对称及传递的,故它是偏序的。它可记为 $(\rho(S),\subseteq)$。

例 3.38　整数集 Z 上的"$\leqslant$"关系(不是偏序符号)是偏序关系,它可记为 $(Z,\leqslant)$。

例 3.39　集合 $S=\{2,3,6,8\}$ 上的"整除"关系"$|$"$R=\{(2,2),(3,3),(6,6),(8,8),(2,6),(2,8),(3,6)\}$ 是偏序的,并可记为 $(S,|)$。

为方便表示偏序关系可用一种图示方法,这种方法可称为哈斯(Hasse)图。对 S 上的偏序关系 R,即 (S,R),其哈斯图的表示方法可描述如下：

(1)对 S 中的元素用哈斯图中的结点表示。

(2)设有 $x,y\in S$,且 $x\leqslant y$ 则在哈斯图中将 x 放置于 y 之下。

(3)如 x 与 y 之间不存在有 $z\in S$ 且有 $x\leqslant z,z\leqslant y$,则在哈斯图中用边将 x 与 y 相连。

用此种方法所构成的图称为 (S,R) 的哈斯图。

下面给出几个哈斯图的例子：

例 3.40　$(Z,\leqslant)$ 的哈斯图如图 3.10(a)所示。

例 3.41　$S=\{2,3,6,12,24,36\}$ 上的整除关系 R 的哈斯图如图 3.10(b)所示。

例 3.42　集合 $S=\{a,b,c\}$ 上的 $\rho(S)$ 所组成的 $(\rho(S),\subseteq)$ 的哈斯图如图 3.10(c)所示。

从例子中可以看出用哈斯图表示偏序关系具有简单、直观及形象等作用。因此目前在偏序中常用哈斯图表示。

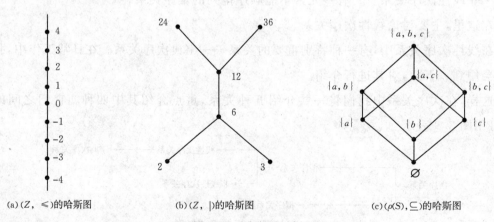

(a) $(Z,\leqslant)$ 的哈斯图　　(b) $(Z,|)$ 的哈斯图　　(c) $(\rho(S),\subseteq)$ 的哈斯图

图 3.10　哈斯图示例

在偏序关系中有一些特别重要的元素。如体育竞赛中的冠军,末位淘汰法中的末位,等等。

定义 3.14　最大元素、最小元素、极大元素、极小元素：

设有$(X,\leqslant)$且集合$Y\subseteq X$,有$y\in Y$:

(1)对每个$y'\in Y$都有$y'\leqslant y$,则称y是Y的最大元素;

(2)对每个$y'\in Y$都有$y\leqslant y'$,则称y是Y的最小元素;

(3)不存在$y'\in Y$都有$y\neq y'$且$y\leqslant y'$,则称y是Y的极大元素;

(4)不存在$y'\in Y$都有$y\neq y'$且$y'\leqslant y$,则称y是Y的极小元素。

由定义可知,最大元素与极大元素是不一样的(同样,最小元素与极小元素也是不一样的),它们具有不同的概念,不能混淆。当然,有时它们所代表的元素是相同的,但这不表示它们的概念是相同的。

例3.43 例3.41中的$(S,|)$中S的几个重要元素如下:

最大元素:无。

最小元素:无。

极大元素:24,36。

极小元素:2,3。

例3.44 在例3.42中$(\rho(S),\subseteq)$中$\rho(S)$的几个重要元素如下:

最大元素:$\{a,b,c\}$。

最小元素:$\varnothing$。

极大元素:$\{a,b,c\}$。

极小元素:$\varnothing$。

例3.45 设有$S=\{2,3,4,6,9,12,18\}$上的整除关系R是偏序关系。试求得其子集:
$R_1=\{2,4\}$,$R_2=\{4,6,9\}$,$R_3=\{12,18\}$,$R_4=S$中的重要元素。

	R_1	R_2	R_3	R_4
最大元素:	4	无	无	无
最小元素:	2	无	无	无
极大元素:	4	4,6,9	12,18	12,18
极小元素:	2	4,6,9	12,18	2,3

此例中的$(S,|)$可用哈斯图表示,如图3.11所示。

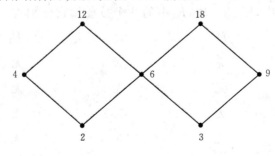

图3.11 $(S,|)$的哈斯图

从上面几个例子可以看出：

（1）用哈斯图可以很直观地找出这几个重要元素。

（2）在偏序的集合中，有些重要元素是可以没有的，有的是可以相同的，这完全根据具体情况决定。

下面继续讨论偏序中另外一些重要元素：

定义 3.15　上界、上确界、下界、下确界：设有 $(X,\leqslant)$ 且集合 $Y\subseteq X$，有 $x\in X$：

（1）对每个 $y'\in Y$ 均有 $y'\leqslant x$，则称 x 是 Y 的上界；

（2）对每个 $y'\in Y$ 均有 $x\leqslant y'$，则称 x 是 Y 的下界；

（3）$x\in X$ 是 y 的上界且对每个 Y 上界 x' 均有 $x\leqslant x'$，则称 x 是 Y 的上确界；

（4）$x\in X$ 是 y 的下界且对每个 y 下界 x' 均有 $x'\leqslant x$，则称 x 是 Y 的下确界；

例 3.46　在例 3.42 中，$(\rho(S),\subseteq)$ 中 $\rho(S)$ 的几个重要元素分别为

上界：$\{a,b,c\}$。

上确界：$\{a,b,c\}$。

下界：$\varnothing$。

下确界：$\varnothing$。

例 3.47　在例 3.42 中，$(\rho(S),\subseteq)$ 中 $Y=\{\{a,b\},\{b,c\},\{b\},\{c\},\varnothing\}$、$Y'=\{\{a\},\{c\}\}$ 的所有八个重要元素分别为

	Y	Y'
最大元素：	无	无
极大元素：	$\{a,b\},\{b,c\}$	$\{a\},\{C\}$
最小元素：	$\varnothing$	无
极小元素：	$\varnothing$	$\{a\},\{C\}$
上界：	$\{a,b,c\}$	$\{a,c\},\{a,b,c\}$
上确界：	$\{a,b,c\}$	$\{a,c\}$
下界：	$\varnothing$	$\varnothing$
下确界：	$\varnothing$	$\varnothing$

例 3.48　例 3.45 中，R_1、R_2、R_3、R_4 中的几个重要元素分别为

	R_1	R_2	R_3	R_4
上界：	4,12	无	无	无
上确界：	4	无	无	无
下界：	2	无	6,3,2	无
下确界：	2	无	6	无

例 3.49　设 $S=\{1,2,\cdots,10\}$，在 S 上的 $\leqslant$ 关系是偏序关系，请求得其子集 $R_1=\{1,$

2,3}$,$R_2=\{8,9,10\}$以及 $R_3=S$ 中的所有重要元素。

解 首先画出 $(S,\leqslant)$ 的哈斯图,如图 3.12 所示。其次,可由哈斯图中可以很清楚的得到 R_1、R_2、R_3 中的所有重要元素:

图 3.12 $(S,\leqslant)$ 哈斯图

	R_1	R_2	R_3
最大元素:	3	10	10
最小元素:	1	8	1
极大元素:	3	10	10
极小元素:	1	8	1
上界:	3,4,5,6,7,8,9,10	10	10
上确界:	3	10	10
下界:	1	1,2,3,4,5,6,7,8	8
下确界:	1	8	8

从上面例子中可以看出:偏序中的八个重要元素之间存在着一定的关联。这种关联可以用下面的定理给出:

定理 3.4 对集合 X 上的偏序关系 $\leqslant$ 有 $Y\subseteq X$,则有:

(1)y 是 Y 的最大(小)元素则它必为 Y 的极大(小)元素;

(2)y 是 Y 的最大(小)元素则它必为 Y 的上(下)界;

(3)x 是 Y 的上(下)确界,且 $x\in Y$,则 x 必为 Y 的最大(小)元素。

2. 线性次序

我们从图 3.10(a)与图 3.10(b)中可以看到,在偏序关系中有着两种明显不同的次序,其中一种是图 3.10(a)的 $(S,\leqslant)$ 中 S 中每个元素均按 $\leqslant$ 关系严格按顺序排序,即任两个元素 $x,y\in S$ 均有 $x\leqslant y$ 或 $y\leqslant x$,这是一种最常见的按序排列的偏序关系,而另一种则如图 3.10(b)所示的 $(S,|)$ 中 S 中每个元素虽然也按次序排列,但任意两个元素间不一定均存在次序关系,如 2 与 3,24 与 36 之间就不存在严格的顺序。后面,将讨论具有严格顺序关系的偏序。这种偏序称为线性次序。

定义 3.16 线性次序:设集合 S 上有偏序关系 R,如对 $x,y\in S$ 必有 $x\leqslant y$ 或 $y\leqslant x$ 则称 R 是线性次序的(又称全序的)或称 R 上集合 S 上的线性次序关系。

例 3.50 集合 $S=\{a,b,c\}$ 上的关系 $R=\{(a,b),(b,c)(a,c),(a,a),(b,b),(c,c)\}$ 是线性次序的。它的哈斯图如图 3.13(a)所示。

例 3.51 集合 $S=\{a,b\}$ 上的幂集 $\rho(S)=\{\varnothing,\{a\},\{b\},\{a,b\}\}$,在 $\rho(S)$ 上的 S 关系不是线性的。它的哈斯图如图 3.13(b)所示。

实际上,要判别一个关系是否为线性次序的,只要看其哈斯图就能知道。

在线性次序关系中又有一个特别重要的关系,即字典次序关系,这种次序关系按字典

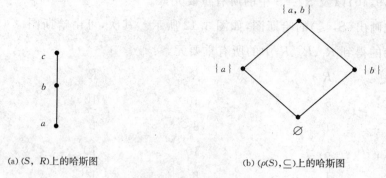

(a)(S, R)上的哈斯图   (b)$(\rho(S), \subseteq)$上的哈斯图

图 3.13　线性次序判别

次序排列的。如英文字典次序、俄语字典次序等等。为讨论此问题,首先需要建立字母表与字集的概念。

定义 3.17　字母表与字集:由有限个抽象符号所组成的集合 $\sum$ 叫字母表,其中每个抽象符号叫字母,在 $\sum$ 上建立一个线性次序关系,在 $\sum$ 上由字母所组成的字母串叫 $\sum$ 上的字,所有 $\sum$ 上的字(包括空字)组成的集合叫 $\sum$ 上的字集,可记为: $\sum^{*}$ 。

在定义了字母表与字集后即可定义字典次序关系。

定义 3.18　字典次序关系:设 $\sum$ 是一个字母表, $\sum$ 上的偏序关系 $\leqslant$ 是一个线性次序关系,建立 $\sum^{*}$ 上的字典次序关系如下:

设 $x = x_1 x_2 \cdots x_n, y = y_1 y_2 \cdots y_m$,它是 $\sum$ 上的两个字,即 $x, y \in \sum^{*}$,而 $x_1, x_2, \cdots, x_n$, $y_1, y_2, \cdots, y_m \in \sum$ 。对 x 与 y 可以建立字典次序关系" $\leqslant$ ":

(1) $x_1 \neq y_1$ 且 $x_1 \leqslant y_1$,则说 $x \leqslant y$;如 $y_1 \leqslant x_1$,则说 $y \leqslant x$ 。

(2)如存在一个最大的 k ,有 $k < \min(n, m)$,使得 $x_1 = y_1, x_2 = y_2, \cdots, x_k = y_k$,而 $x_{k+1} \neq y_{k+1}$ 。如果 $x_{k+1} \leqslant y_{k+1}$,则说 $x \leqslant y$;如果 $y_{k+1} \leqslant x_{k+1}$ 则说 $y \leqslant x$ 。

(3)如存在一个最大 k ,有 $k = \min(n, m)$,使得 $x_1 = y_1, x_2 = y_2, \cdots, x_k = y_k$,此时,如果 $n \leqslant m$,则说 $x \leqslant y$;如果 $m \leqslant n$,则说 $y \leqslant x$ 。

由定义可明显看出字典次序关系是一个线性次序关系,同时它还是一个以 $\sum$ 为字母集所构造的字典次序关系。

例 3.52　在英语字典中可建立字典次序关系。首先建立英语字母表 $\sum = \{a, b, c, \cdots, x, y, z\}$,在 $\sum$ 中建立线性次序" $\leqslant$ ",即 $a \leqslant b, b \leqslant c, \cdots, y \leqslant z$ 。而所有英语单字都在 $\sum^{*}$ 中。在英语中的任两个单词均可以建立一个线性次序称字典次序,如 $be \leqslant bed, bed \leqslant belong$,等等。

例 3.53　在计算机的二进制数表示中可以建立字典次序关系。首先建立 $\sum = \{0, 1\}$, $\sum$ 上的偏序关系为 $0 \leqslant 1$ 。而所有二进制数都在 $\sum^{*}$ 中。这样,二进制数可以按线性次序排列之,如有: $0 \leqslant 1, 100 \leqslant 101, 001 \leqslant 011$,等等。

3. 拟序关系

拟序关系也是一种次序关系,它比偏序关系的限制更严格一些。它是一种满足反自反、反对称与传递的关系。

定义 3.19 拟序关系:集合 S 上的关系 R 如是反自反的、反对称的、传递的,则称 R 是 S 上的拟序的或称 R 是 S 上的拟序关系。

一般可用符号"$<$"表示拟序。(注意:它并不表示数值中的小于符号)

例 3.54 实数上的"$<$"关系(不是拟序符号)是拟序关系。

例 3.55 由集合 S 所组成的 $\rho(S)$ 上的关系"$\subset$"是拟序关系。

偏序关系与拟序关系间存在着一定的关联,它们可用下面的定理表示之。

定理 3.5 设有集合 S 上的关系 R,则有

(1)如 R 是拟序关系则 $r(R) = R \cup Q$ 是偏序关系;

(2)如 R 是偏序关系则 $R - Q$ 是拟序关系。

3.4.2 等价关系

在关系中还有一种常见的重要关系它就是等价关系。等价关系可以将集合上具有某些相同特征的元素归并成类,从而将复杂问题的研究归并成对简单问题的研究。

定义 3.20 等价关系:集合 S 上的关系 R 如果是自反的、对称的及传递的,则称 R 为等价关系。

一般可用符号"$=$"表示等价关系。(注意:它并不表示数字中的相等符号)

例 3.56 实数上的"$=$"关系(不是等价符号)是等价关系。

例 3.57 中国人的姓氏集合上的"同姓"关系是等价关系。

例 3.58 三角形集合上的"相似"关系是等价关系。

例 3.59 整数集 $\mathbf{Z}$ 上的"模 3 同余"关系是等价关系,推而广之,$\mathbf{Z}$ 上的"模 m 同余"关系是等价关系。

例 3.60 集合 $S = \{1,2,3,4,5,6,7,8,9\}$ 上的模 3 同余关系 R 是等价关系。这个关系可以表示如下:

$$R = \{(x,y) \mid x = y \pmod 3, x, y \in S\}$$

其具体的枚举式为

$R = \{(1,1),(1,4),(1,7),(2,2),(2,5),(2,8),(3,3),(3,6),(3,9),(4,1),(4,4),(4,7),$

$(5,2),(5,5),(5,8),(6,3),(6,6),(6,9),(7,1),(7,4),(7,7),(8,2),(8,5),(8,8),$

$(9,3),(9,6),(9,9)\}$

等价关系除可以用枚举形式表示外,还可用图示法及矩阵形式表示。在此中图示法表示特别有效。下面用几个例子说明:

例 3.61　集合 S 上的"同姓"关系 R 构成等价关系。设 $S=\{$ 王五, 王宁章, 王广益, 徐飞, 徐味青, 李益中 $\}$, 此时有

$R=\{($ 王五, 王五 $)$, $($ 王宁章, 王五 $)$, $($ 王五, 王宁章 $)$, $($ 王五, 王广益 $)$, $($ 王广益, 王五 $)$,

　　$($ 王宁章, 王宁章 $)$, $($ 王宁章, 王广益 $)$, $($ 王广益, 王宁章 $)$, $($ 王广益, 王广益 $)$,

　　$($ 徐飞, 徐飞 $)$, $($ 徐飞, 徐味青 $)$, $($ 徐味青, 徐味青 $)$, $($ 李益中, 李益中 $)\}$

该关系满足自反性、对称性与传递性,因此是等价的。该关系可用图 3.14 的图示法表示。

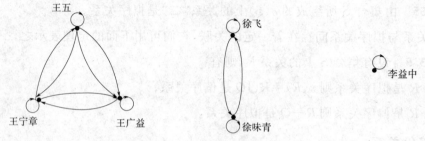

图 3.14　S 上的同姓关系图示法

例 3.62　上例 3.61 中 S 上的模 3 同余关系 R 是等价关系。该关系可用图 3.15 所示的图示法表示。

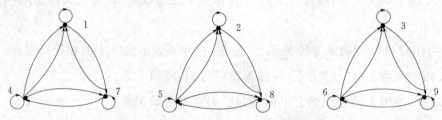

图 3.15　S 上的模 3 同余关系的图示法

从上面两个图示法的例中可以看出,在集合 S 上的等价关系中,一般都将 S 上的元素按等价关系划分成若干个子集,每个子集内部元素具有相同的等价特性,这种子集称为类。S 上的这些类之间互不相交且完全覆盖 S,如例 3.62 中有三个类,它们的相同等价特性是王姓类、徐姓类及李姓类,它们之间不相交且全部覆盖了 S。又如例 3.60 中也有三个类,它们的相同等价特性分别是余数为 1、2、0 的三个类。它们之间不相交且全部覆盖了 S。

由于类的重要性,因此在等价关系中对 S 上的等价关系分类成为讨论的主要目标。下面,首先定义类,再定义划分,在此基础上对 S 上的元素分类。

定义 3.21　等价类:设有集合 S 上的等价关系 R,对任一个 $x \in S$ 可以构造一个 S 的子集 $[x]_R=\{y \mid y \in S, (x,y) \in R\}$。$[x]_R$ 称为 x 对于 R 的等价类或简称类。$[x]_R$ 也可简记为 $[x]$。

例 3.63　在例 3.61 中 $[1]=\{1,4,7\}$, $[2]=\{2,5,8\}$ 及 $[3]=\{3,6,9\}$ 分别为 $S=\{1,$

$2,3,4,5,6,7,8,9$}上的三个类,它们具有相同等价特性,即分别为余数$=1$、2、0 的模 3 同余关系。也就是说,R 有如下三个等价类:

$$[1]=[4]=[7]=\{1,4,7\}$$

$$[2]=[5]=[8]=\{2,5,8\}$$

$$[3]=[6]=[9]=\{3,6,9\}$$

在 S 的九个元素中可构成 3 个等价类,它们互不相交且所有等价类的并集为 S。

定义 3.22 划分与块:集合 S 及其子集 $S_1,S_2,\cdots,S_n$ 如果满足下列条件:

(1)所有 S_i 间均是相离的,即对所有 i,j,如 $i\neq j$,则 $S_i\cap S_j=\varnothing$;

(2)$S_1\cup S_2\cup\cdots\cup S_n=S$。

则称 $A=\{S_1,S_2,\cdots,S_n\}$ 为 S 的一个划分,而 $S_i(i=1,2,\cdots,n)$ 则称为这个划分的块。

下面的定理给出了类与划分的关系。

定理 3.6 集合 S 上的等价关系 R 所构成的类产生一个 S 的划分,而这些类即是 S 中的块。这个划分叫 S 关于 R 的商集,它可记为 S/R。

由此定理可知,商集 S/R 是一个集合,它的元素是 S 上元素所构成的类。

例 3.64 整数集 $\mathbf{Z}$ 上的模 3 同余关系 R 是一个等价类,用它可构成一个划分即 S 关于 R 的商 $\mathbf{Z}/R$ 如下:

$$\mathbf{Z}/R=\{[0]_R,[1]_R,[2]_R\}$$

式中:

$$[0]_R=\{\cdots,-6,-3,0,3,6,\cdots\}$$

$$[1]_R=\{\cdots,-5,-2,1,4,7,\cdots\}$$

$$[2]_R=\{\cdots,-4,-1,2,5,8,\cdots\}$$

进一步,可将模 3 同余关系 R 推广至模 m 同余关系,用它可构成 $\mathbf{Z}/R$ 如下:

$$\mathbf{Z}/R=\{[0]_R,[1]_R,[2]_R,\cdots,[m-1]_R\}$$

式中:

$$[0]_R=\{\cdots,-2m,-m,0,m,2m,\cdots\}$$

$$[1]_R=\{\cdots,-2m+1,-m+1,1,m+1,2m+1,\cdots\}$$

$$[2]_R=\{\cdots,-2m+2,-m+2,2,m+2,2m+2,\cdots\}$$

$$\vdots$$

$$[M-1]_R=\{\cdots,-m+1,-1,m-1,1,2m-1,3m-1,\cdots\}$$

还可以得到定理 3.6 的一个相反的定理,即一个集合的划分可产生一个等价关系。

定理 3.7 集合 S 上的一个划分 C 可产生一个等价关系。

这个 S 上的划分 C 所产生的等价关系可构造如下:

设 $C=\{C_1,C_3,\cdots,C_m\}$,$C_i(i=1,2,\cdots,m)$ 是 C 中的块,此时的等价关系 $R=(C_1\times$

$$C_1) \bigcup (C_2 \times C_2) \bigcup \cdots \bigcup (C_m \times C_m)$$

例 3.65 设 $S=\{a,b,c,d,e\}$ 的一个划分 $A=\{\{a\},\{b,c\},\{d,e\}\}$,请给出该划分所确定的 S 上的等价关系 R。

解 $R=(\{a\} \times \{a\}) \bigcup (\{b,c\} \times \{b,c\}) \bigcup (\{d,e\} \times \{d,e\})=\{(a,a),(b,b),(b,c),(c,d),(c,c),(d,d),(d,e),(e,d),(e,e)\}$。

由 S 上的划分 C 可产生的等价关系过程也可用关系图示法表示。

如例 3.65 中,首先标出 S 中的五个结点[见图 3.16(a)],其次按 A 中划分,分别对 $\{a\},\{b,c\},\{d,e\}$ 做关系的等价图描述,从而得到图 3.16(b)所示的等价关系图。

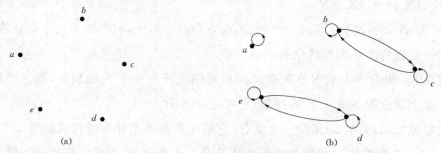

图 3.16 S 上的划分 C 所产生的等价关系

3.5 函　　数

1. 函数概念

函数是一种特殊的、规范的关系,它建立了从一个集合到另一个集合的映射关系。它是数学中的一个基本概念。

定义 3.23 函数:设有集合 X 与 Y,而 f 是从 X 到 Y 的关系,如对每个 $x \in X$ 都存在唯一的 $y \in Y$,使得 $(x,y) \in f$,则称是从 X 到 Y 的函数,或叫从 X 到 Y 的映射。它可记为 $f:X \rightarrow Y$,或写成:$X \rightarrow Y$,或记为 $y=f(x)$。

在 $f:X \rightarrow Y$ 中 $x \in X$ 所对应 Y 内的元素 y 称 X 的像,而 x 叫 y 的像源。

由上面的定义可以看出,函数是满足一些条件的关系。

定理 3.8 函数 $f:X \rightarrow Y$ 是一个满足下面两个条件的关系:

(1)存在性条件——对每个 $x \in X$ 必存在 $y \in Y$,使得 $(x,y) \in f$。

(2)唯一性条件——对每个 $x \in X$ 也仅存在一个 $y \in Y$,使得 $(x,y) \in f$。

定义 3.24 函数的定义域与值域:函数 $f:X \rightarrow Y$ 中其定义域 $D(f)$ 可用 D_f 表示,一般来说,$D_f=X$ 而值域 $V(f)$ 可用 C_f 表示,一般,$C_f \subseteq Y$。

定义 3.25 函数 $f:X \rightarrow Y$ 中,如 $X=Y$,则称 f 为 X 上的函数。

例 3.66 $\mathbf{N}=\{0,1,2,3,\cdots\}$ 是自然数集,则 $f:\mathbf{N} \rightarrow \mathbf{N}$ 是 $f(n)=n+1$,它是函数。称

后继函数，或称皮亚诺函数。它刻画了自然数的顺序关系。

例 3.67 **R** 是实数集，则 $f:\mathbf{R}\to\mathbf{R}f(x)=x^2$，是函数。

2. 函数的表示

与关系类似，函数表示一般也有四种方法——特性刻画法，枚举法，矩阵表示法，图示法，目前常用的是特性刻画法与图示法。

3. 函数的运算

函数运算有两种，即函数复合运算与逆运算，其概念与关系中的复合运算与逆运算类似。

4. 函数的分类

在函数中一般常见的有四种不同的类型，分别称为函数的满射、内射、单射及双射。

例 3.68 设有集合 X 与 Y，试建立如下几个从 X 到 Y 的函数：

(1)$X=\{x_1,x_2,x_3,x_4,x_5,\}$，$Y=\{y_1,y_2,y_3,y_4\}f:X\to Y$：

$f=\{(x_1,y_1),(x_2,y_2),(x_3,y_3),(x_4,y_4),(x_5,y_4)\}$；

(2)$X=\{x_1,x_2,x_3,x_4,\}$，$Y=\{y_1,y_2,y_3,y_4,y_5\}g:X\to Y$：

$g=\{(x_1,y_1),(x_2,y_3),(x_3,y_2),(x_4,y_5)\}$；

(3)$X=\{x_1,x_2,x_3,x_4,\}$，$Y=\{y_1,y_2,y_3,y_4\}h:X\to Y$：

$h=\{(x_1,y_1),(x_2,y_2),(x_3,y_3),(x_4,y_4)\}$。

它们可用图 3.17(a)、(b)、(c)分别表示。

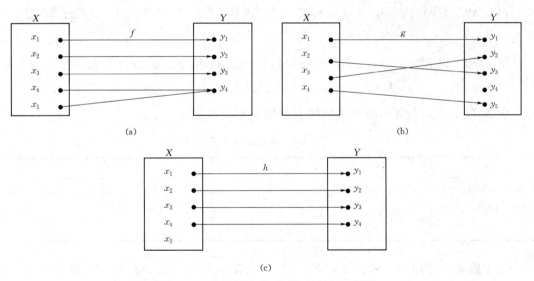

图 3.17 函数的满射、内射、单射与双射图

从图中可以看出：

(1)凡函数使得 Y 中的每个元素均有 X 中元素与之对应，这种函数称为从 X 到 Y 上的函数，如函数 f；否则，称为 X 到 Y 内的函数，如函数 g。

（2）凡函数使得不但 X 中每个元素 x_i 均唯一对应 Y 中的一个元素 y_i，而且也只有一个 x_i 对应 y_i，这种函数称为从 X 到 Y 的一对一函数，如函数 g；否则叫多对一函数，如函数 f。

（3）函数 h 使得 X 与 Y 间建立一一对应关系，这种函数称为 X 与 Y 间的一一对应函数，如函数 h。

根据上面解释，可以得到下面的定义：

定义 3.26 满射：对函数 $f:X\to Y$ 如果有 $C_f=Y$，则称 f 为从 X 到 Y 的满射（或称从 X 到 Y 上的函数）；否则，则称为从 X 到 Y 的内射（或称为从 X 到 Y 内的函数）。

定义 3.27 单射：对函数 $f:X\to Y$，如果有对每个 i,j，若 $i\neq j$，则必有 $f(x_i)\neq f(x_j)$，则称 f 为从 X 到 Y 的单射（或称为从 X 到 Y 的一对一函数）；否则，则称为多对一函数。

定义 3.28 双射：对函数 $f:X\to Y$，如果它是从 X 到 Y 的一一对应的，则称 f 为从 X 到 Y 的双射（或称为一一对应函数）；如有 $X=Y$，则称 f 是 X 上的变换。

3.6　n 元关系与多元函数

前面讨论了二元关系。本节中推广到 n 元中去，即多元关系，又称 n 元关系：

定义 3.29 n 元关系：集合 $S_1,S_2,\cdots,S_n$ 所确定的 n 元关系 R 是 $S_1\times S_2\times\cdots\times S_n$ 的一个子集，即有

$$R\subseteq S_1\times S_2\times\cdots\times S_n$$

即 n 元关系是 n 元有序组的集合。

例 3.69 教师 T、学生 S 及课程 C 间的"讲授"关系 R 是 $T\times S\times C$ 的子集，是三元关系。

例 3.70 设有 $A=\{1,2,3\}$，$B=\{a,b\}$，$C=\{\alpha,\beta\}$，则下面的集合 R 是一个三元关系：
$$R=\{(1,a,\alpha),(2,b,\alpha),(2,b,\beta),(3,a,\beta)\}$$

例 3.71 表 3.1 所示的学生成绩表可用 n 元关系表示。

表 3.1　学生成绩表 R

S_{no}	S_n	S_d	C_{no}	G
A1317	Marry	CS	OS	78
A1318	Aris	CS	DB	85
A1319	John	CS	DB	75

这个成绩表可用 $R\subseteq S_{no}\times S_n\times S_d\times C_{no}\times G$ 表示，式中 S_{no}、S_n、S_d、C_{no}、G 分别表示学号、学生姓名、学生系别、课程名、成绩，而 R 有

$R=\{(A_{1317},\text{Marry},CS,OS,78),(A_{1318},\text{Aris},CS,DB,85),(A_{1319},\text{John},CS,DB,75)\}$

由于 n 元关系是一种集合，因此可以将集合论中的一些内容推广至 n 元关系中，如可以建立 n 元关系的并、交、补运算等。同时也可以将二元关系中的很多特性推广到 n 元关

系中。但在本节中不做过多的介绍了。

同样,函数 $f:X{\to}Y$ 称为一元函数,它表示有一个象源即能决定一个象,可将它推广到多元情况,即有 n 个象源才能决定其对应的象,这种函数可以称为多元函数或 n 元函数。

定义 3.30 多元函数:设有集合 $X_1,X_2,\cdots,X_n$ 及 Y,则 $f:X_1\times X_2\times\cdots\times X_n{\to}Y$ 表示从 n 阶笛卡儿乘积 $X_1,X_2,\cdots,X_n$ 到 Y 的 n 元函数,又称多元函数。它也可表示为 $f(x_1,x_2,\cdots,x_n)=y$。式中 $x_i\in X_i(i=1,2,\cdots,n)$。

特别是当 $X=X_1=X_2=\cdots X_n=Y$ 时,n 元函数 $f:X^n{\to}X$ 可称作 n 元运算,当 $n=1$ 时称为一元运算,当 $n>1$ 时称为多元运算。

例 3.72 设 $X=R,f:R\times R{\to}R$,后者也可表示为
$$f=\{((x,y),x+y)\,|\,x\in R,y\in R\}$$
该函数 f 就是一个二元运算。

小结

关系是序偶的集合,它研究客观世界中事物间关联的普遍规则。

1. 一个基本概念

关系 R。

2. 四种表示方法

- 枚举法;
- 矩阵表示法;
- 图示法;
- 特性刻画法。

3. 三种常见性质

- 自反性:所有 a 有 $(a,a)\in R$。
- 对称性:如 $(a,b)\in R$ 必有 $(b,a)\in R$。
- 传递性:如有 $(a,b),(b,c)\in R$ 必有 $(a,c)\in R$。

4. 三类运算

(1)关系的并、交、补运算。

(2)关系的复合运算与逆运算:

- 关系复合运算:$R_1\circ R_2$。
- 关系逆运算。

(3)关系上的闭包运算:

- 自反闭包。

- 对称闭包。
- 传递闭包。

5. 函数

$f:X \to Y$ 是一种特殊的关系,即满足:

(1)存在性条件—对每个 $x \in X$ 必有 $y \in Y$ 使得 $(x,y) \in f$。

(2)唯一性条件—对每个 $x \in X$ 仅有一个 $y \in Y$ 使得 $(x,y) \in f$。

6. 函数四种表示方法

枚举法、特性刻画法、矩阵表示法、图示法。

7. 函数的两种运算

函数复合运算与逆运算。

8. 函数三种性质

对 $f:X \to Y$ 有

- 函数的满射,又称 f 为从 X 到 Y 上的函数。
- 函数的单射,又称 f 为从 X 到 Y 的一对一函数。
- 函数的双射,又称 f 为从 X 到 Y 的一一对应函数。

9. n 元关系与多元函数

(1)n 元关系—关系的扩充

(2)多元函数—函数的扩充

10. 本章内容重点

关系的基本概念与表示方法。

习题

3.1 给出如下的从 X 到 Y 的关系 R 的三种表示法:

(1)$X = \{0,1,2\}$,$Y = \{0,2,4\}$,$R = \{(x,y) \mid x,y \in X \bigcap Y\}$。

(2)$X = Y = \{0,1,2,\cdots,10\}$,$R = \{(x,y) \mid x+y=10\}$。

3.2 $X = \{1,2,3,4\}$,X 上的关系 R 的关系矩阵如下所示。请问 R 是否为自反的、反自反的、对称的、反对称的、传递的? 并给予证明。

$$
(1)\begin{pmatrix} 0 & 1 & 0 & 1 \\ 0 & 0 & 0 & 0 \\ 1 & 0 & 0 & 1 \\ 0 & 1 & 0 & 0 \end{pmatrix}
\qquad
(2)\begin{pmatrix} 1 & 1 & 1 & 0 \\ 1 & 1 & 1 & 0 \\ 0 & 0 & 0 & 1 \\ 0 & 0 & 0 & 0 \end{pmatrix}
\qquad
(3)\begin{pmatrix} 1 & 0 & 1 & 1 \\ 1 & 1 & 0 & 1 \\ 0 & 1 & 1 & 0 \\ 0 & 0 & 0 & 1 \end{pmatrix}
$$

$$(4)\begin{pmatrix}1&0&1&1\\0&1&0&1\\1&0&1&1\\1&1&1&1\end{pmatrix} \qquad (5)\begin{pmatrix}1&1&0&0\\1&1&0&0\\0&0&1&0\\0&0&0&1\end{pmatrix} \qquad (6)\begin{pmatrix}1&0&0&0\\0&1&0&0\\0&0&1&0\\0&0&0&1\end{pmatrix}$$

3.3 将 3.2 中的关系用图示法表示,并用图示方法说明它们的自反性、对称性及传递性。

3.4 设 $S=\{a,b,c\}$ 上的关系为

(1)$R=\{(a,a),(b,b),(b,c),(c,c)\}$;

(2)$S=\{(a,b),(b,a)\}$;

(3)$T=\{(a,b),(a,c),(b,a),(b,c)\}$。

请给出这三个关系分别满足自反性、对称性、传递性中的哪些性质?

3.5 集合 $X=\{0,1,2,3\}$ 上的两个关系是

$$R_1=\{(i,j)\,|\,j=i+1\}$$
$$R_2=\{(i,j)\,|\,i=j+2\}$$

求下面的复合关系与逆关系:

(1)$R_1 \circ R_2$;

(2)$R_2 \circ R_1$;

(3)$R_1 \circ R_2 \circ R_1$;

(4)$\widetilde{R}_1$。

3.6 设 R_1,R_2 是集合 $A=\{1,2,3,4\}$ 上的二元关系,其中 $R_1=\{(1,1),(1,2),(2,4)\}$,$R_2=\{(1,4),(2,3),(2,4),(3,2)\}$,则 $R_1 \circ R_2=$ _____。

3.7 设 $A=\{a,b,c,d\}$,R_1,R_2 是 A 上的二元关系:

$$R_1=\{(a,a),(b,b),(b,c),(d,d)\}$$
$$R_2=\{(a,a),(b,b),(b,c),(c,b),(d,d)\}$$

则 R_2 是 R_1 的 _____ 闭包。

3.8 设集合 $A=\{a,b\}$,R 是 $\rho(A)$ 上的包含关系,写出 R 表达式、关系矩阵、关系图。

3.9 试判断图 3.18 中三种关系的性质。

(a)

(b)

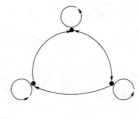

(c)

图 3.18 三种关系

3.10 设集合 $A = \{1, 2, 3, 4\}$，A 上的二元关系：
$$R_1 = \{(1,1), (1,3), (1,4), (2,4), (3,3), (4,4)\}$$
$$R_2 = \{(1,2), (1,3), (2,3), (4,4)\}$$
$$R_3 = \{(1,1), (2,2), (3,3), (4,4)\}$$

求 $R_1 \bigcap R_2, R_2 \bigcup R_3, \sim R_1, R_1 - R_3, R_1 + R_2, R_1 \circ R_2$。

3.11 设集合 $A = \{a, b, c, d\}$，定义 $R = \{(a,b), (b,a), (b,c), (c,d)\}$，求 $r(R) s(R)$，$t(R)$。

3.12 设 $A = \{1, 2, 3, 4, 5, 6\}$，A 上的二元关系 $R = \{(1,1), (2,2), (3,3), (3,4), (4,4), (5,3), (5,4), (5,5)\}$。

(1) 试写出 R 的关系矩阵和关系图；

(2) 证明 R 是 A 上的偏序关系，并画出哈斯图；

(3) 若 $B \subseteq A$，且 $B = \{2, 3, 4, 5\}$，求 B 的最大元素，最小元素，极大元素，极小元素，最小上界和最大下界。

3.13 设 $A = \{1, 2, 3, 4, 5, 6\}$，定义 A 上的二元关系：
$$R_1 = \{(1,1), (2,2), (3,3), (4,4), (5,5), (6,6)\} \bigcup \{(1,4), (2,3),$$
$$(2,6), (3,2), (3,6), (4,1), (6,2), (6,3)\}$$
$$R_2 = \{(1,2), (2,1), (2,2), (3,3), (4,4), (4,5)\}$$

请判断 R_1, R_2 是否为等价关系？若是等价关系，写出其等价类。

3.14 下面的关系哪些构成函数？并请说明理由。

(1) $\{(n_1, n_2) \mid n_1, n_2 \in \mathbf{N}, n_1 + n_2 < 10\}$；

(2) $\{(r_1, r_2) \mid r_1, r_2 \in \mathbf{R}, r_2 = r_1^2\}$；

(3) $\{(n_1, n_2) \mid n_1, n_2 \in \mathbf{N}, n_2$ 为小于 n_1 的奇数的数目$\}$。

3.15 下面的函数哪些是满射、单射或双射？并请说明理由。

(1) $f: \mathbf{N} \rightarrow \mathbf{R}, f(n) = \lg n + 1$；

(2) $f: \mathbf{R} \rightarrow \mathbf{R}, f(r) = 2r - 15$；

(3) $f: \mathbf{R} \rightarrow \mathbf{R}, f(r) = r^2 + 2r - 15$。

第4章 代数系统

　　代数系统是用代数运算的方法构造数学系统的一种工具。所谓代数运算方法是在集合上建立一种满足一定转换规则的方法,在此基础上对其作定性研究从而形成一种抽象系统,称为代数系统。

　　在代数系统研究中,它不以某些具体对象为主要目标,而是以一大类具有某些共同性质的对象为研究目标,而其研究结果则适用于该类中的每个对象,因此具有高度概括性、通用性与指导性,这是一种抽象的研究方法,因此代数系统也称抽象代数。抽象代数从较高的角度,把众多形式上不一致的代数系统,抛弃其个性,抽取其共性,组成抽象系统并对其作统一研究,从而得到一些具有本质意义的结论,应用这些结论可以对具体的代数系统起指导作用。

　　在代数系统的研究中,一个抽象系统的形成是在集合基础上通过构造某些运算的性质而生成的,因此代数系统也称为代数结构。

　　代数系统起源于古典数学,早在 3000 年前我国祖先就在《周髀算经》中对勾股定理有一定认识,在《九章算术》中已记载了勾股定理和一元二次方程的解法,在西方,在文艺复兴时期即有重大的代数方程式求解算法的突破,18 世纪后对代数的研究进入蓬勃发展期,形成了早期的初等代数与线性代数。而对现代代数系统的研究是由法国数学家珈罗华(E,Galois)于 19 世纪 30 年代开始的,他首先提出了群的概念并运用群论解决了困惑多年的五次以上方程是否有根的问题。在此以后的代数研究中掀起了以群论为核心的代数系统研究。形成一门新的代数研究分支,这个分支有别于传统、古典的代数,因此也称为近世代数。

　　在代数系统中一般由两部分内容组成,它们是代数系统的一般性概念以及以群论、布尔代数为核心的一些重要代数系统。在本章中我们介绍如下的一些内容:

　　(1)代数系统的基本概念。

　　(2)两类重要的代数系统:

　　①群论;

　　②布尔代数。

4.1　代数系统基本概论

本章主要介绍代数系统的基本概念。包括代数系统中的一些基本定义、常见的性质以及同构、同态与代数系统构造等基本方法。

4.1.1　代数系统介绍

代数系统是代数学中的一个基本概念,一般讲,它由三部分内容组成:

1. 集合

集合是代数系统的基础,它给出了代数系统中的研究对象。一种代数系统往往建立在一个集合之上。在古典代数中,集合往往是一些数的集合,如 $\mathbf{N},\mathbf{Z},\mathbf{R}$ 等,而在代数系统中,它可包含抽象符号的集合。

2. 运算

运算给出了代数系统的研究手段与工具。因此运算是代数系统的灵魂。在整个代数系统中就是以研究运算的规律为其主要内容的。

在古典代数中,传统的运算是建立在"数集"上的"加""减""乘""除"等四则运算。进一步,可将其扩展为"乘方""开方"以及"指数""对数"等运算。在代数系统中,运算实际上是传统运算的推广,它可视为是在抽象集合上的一种元素间转换。也即是说,运算是一种函数。下面,对运算做如下定义:

定义 4.1　运算:设有 n 元函数 $f:S_1\times S_2\times\cdots\times S_n\to S$ 中有 $S=S_1=S_2=\cdots=S_n$ 则称 f 为 S 上的 n 元运算,或简称 n 元运算。当 $n=2$ 时称二元运算;$n=1$ 时称一元运算。

在代数系统中一般以讨论二元运算为主(有时也讨论一元运算)。一个运算可用一个运算符及若干个集合中元素组成。运算符中二元运算符常可用"。""＊"等表示,也可用"＋""×"等表示,但其中并不一定具有通常数字中的"加""乘"的含义,一个运算的表示如 $x\times y=z,a+b=c$ 等均为二元运算的表示。

例 4.1　根据运算的定义,我们可以看出古典代数中的四则运算,与我们所定义的运算是一致的。如实数集上的"加""减""乘"及"除"等均可用下面的二元运算形式表示:

$f_1:\mathbf{R}\times\mathbf{R}\to\mathbf{R}:r_1+r_2=r_3$　　（f_1 表"加"）；

$f_2:\mathbf{R}\times\mathbf{R}\to\mathbf{R}:r_1-r_2=r_3$　　（f_2 表"减"）；

$f_3:\mathbf{R}\times\mathbf{R}\to\mathbf{R}:r_1\times r_2=r_3$　　（f_3 表"乘"）；

$f_4:\mathbf{R}\times\mathbf{R}\to\mathbf{R}:r_1\div r_2=r_3$　　（f_4 表"除"）。

在离散数学的代数系统中,它的运算可用一种运算定义表表示。下面用一例说明。

例 4.2　在集合 $S=\{1,2,3\}$ 上可以定义一个二元运算"＊",如表 4.1 所示。

表 4.1 二元运算定义表

*	1	2	3
1	2	1	1
2	3	1	2
3	3	1	2

例 4.3 运算可看作是一个具有输入端与输出端的"黑盒子",其中图 4.1(a)表示为一个一元运算而图 4.1(b)则表示为一个二元运算。其中一元运算中对应的是一个输入端与一个输出端。而二元运算中则对应两个输入端与一个输出端。

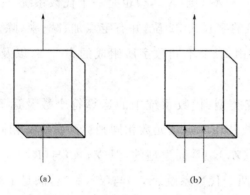

(a) (b)

图 4.1 运算是一个黑盒子

3. 运算封闭性

集合 S 上的运算结果仍在 S 中,这就是运算的封闭性。它表示运算范围是受限的。即运算必受限于集合 S。

上面的三个条件构成了一个代数系统。下面我们对代数系统作一个抽象的定义:

定义 4.2 代数系统:非空集合 S 上的 K 个运算 $\circ_1, \circ_2, \cdots, \circ_k$(一元或二元运算)所构成的封闭系统称为代数系统。并可记为:$(S, \circ_1, \circ_2, \cdots, \circ_k)$。

例 4.4 整数集 $\mathbf{Z}$ 上带有加法运算的系统构成一个代数系统:$(\mathbf{Z}, +)$。

例 4.5 实数集 $\mathbf{R}$ 上带有"+"与"×"运算的系统构成一个代数系统:$(\mathbf{R}, +, \times)$。

例 4.6 自然数集 $\mathbf{N}$ 上带有加与减运算的系统不构成一个代数系统。因为"减"运算不满足封闭性,所以不构成代数系统;但 $\mathbf{N}$ 上的"+"运算所构成的是代数系统。

例 4.7 集合 $B = \{0, 1\}$ 上的两个二元运算:"$\circ$"与"$*$"[见表 4.2(a)与(b)]构成一个代数系统。

表 4.2 "$\circ$"与"$*$"的运算表

(a)		
$\circ$	0	1
0	0	1
1	1	0

(b)		
$*$	0	1
0	0	0
1	0	1

例 4.8 由有限个字母所组成的字母表 X。在 X 上构造字母串,它叫 X 上的句子或字或串。长度为 0 的串叫空串,可用 Λ 表示。这样,可以构造一个在 X 上的所有串的集合 X^*。

其次,定义在 X^* 上的串的二元运算"∘"—称串的并置运算,它是一个将两个串并置成一个串的运算。设 $\alpha,\beta\in X^*$,则 $\alpha\circ\beta=\alpha\beta$ 是一个串。

同时,我们可以看出 X^* 上的并置运算是封闭的。

因此,在 X^* 上的并置运算"∘"构成了一个代数系统 $(X^*,\circ)$。

进一步,令 $X^+=X^*-\{\Lambda\}$,则 $(X^+,\circ)$ 也是一个代数系统。

例 4.9 设有计算机的字长为 32 位,并有定点加、减、乘、除及逻辑加、逻辑乘等运算指令,这时在该计算机中由 2^{32} 个不同数字所组成的集合 S,以及计算机的运算型机器指令构成了一个代数系统。

定义 4.3 代数系统类型:代数系统中的运算符个数及运算元数称代数系统类型。两代数系统如运算符个数及相应运算元数相同则称两系统有相同类型;否则称不同类型。

例 4.10 $(\mathbf{N},+)$ 与 $(\mathbf{Z},\times)$ 是同类型的,但 $(\mathbf{Z},\times)$ 与 $(\mathbf{R},+,\times)$ 是不同类型的。

定义 4.4 子代数:两个代数系统 $(S,\circ)$ 与 $(S',*)$ 若满足下列条件:

(1) $S'\subseteq S$;

(2) 若 $a\in S',b\in S'$,则 $a*b=a\circ b$

则称 $(S',*)$ 是 $(S,\circ)$ 的子代数或子系统。

这个定义尚可推广至多个运算符的情况。

例 4.11 代数系统 $(\mathbf{Z},+)$ 是 $(\mathbf{R},+)$ 的子代数。

例 4.12 代数系统 $(\mathbf{Z},+,\times)$ 是 $(\mathbf{R},+,\times)$ 的子代数。

例 4.13 代数系统 $(\mathbf{Z},\times)$ 不是 $(\mathbf{R},+)$ 的子代数。

4.1.2 代数运算中的常见性质

运算是代数系统的核心,为研究代数系统首先得从运算性质讲起。在本节中介绍几种常见的运算性质。它以二元运算为主,包括单个二元运算性质,两个二元运算间的性质,以及一些特殊元素。

先介绍单个二元运算系统的性质:

1. 单个二元运算的结合律

代数系统 $(S,\circ)$ 中如有 $a\in S,b\in S,c\in S$,均有:

$$a\circ(b\circ c)=(a\circ b)\circ c$$

则称该代数系统的运算"∘"满足结合律。

一个代数系统的运算次序一般都用括号表示,但如果该运算满足结合律,则此时无须加括号。

2. 单个二元运算的交换律

代数系统 $(S, \circ)$ 中如有 $a \in S, b \in S$，均有：

$$a \circ b = b \circ a$$

则称该代数系统的运算"$\circ$"满足交换律。

一代数系统中的运算"$\circ$"如满足结合律与交换律，则在计算：$a_1 \circ a_2 \circ \cdots \circ a_n$ 时可以按元素任意次序运算。

由此可知一种运算满足结合律与交换律在使用时是很方便的。

在代数系统的运算中，某些元素具有特殊作用，下面分别介绍一下。

3. 单个二元运算中的单位元素

代数系统 $(S, \circ)$ 中若有元素 $1 \in S$，对任一个 $x \in S$ 均有 $1 \circ x = x \circ 1 = x$，则称此元素为对于运算"$\circ$"的单位元素或称单位元（注意：单位元符号并不一定是自然数中之 1，它仅是单位元的符号表示而已。）

例 4.14　代数系统 $(\mathbf{R}, \times)$ 中单位元为 1。

例 4.15　代数系统 $(\mathbf{Z}, +)$ 中单位元为 0。

例 4.16　代数系统 $(X^*, \circ)$ 中空串 $\wedge$ 为单位元。（可参见例 4.8）

实际上单位元有两个，一个叫左单位元 1_l，另一个叫右单位元 1_r，对任一个 $x \in S$，它们分别满足 $1_l \circ x = x \circ 1_r = 1$。

有关单位元有两个定理，它们给出了单位元的两个基本特性。

定理 4.1　代数系统 $(S, \circ)$ 若存在对"$\circ$"的 1_l 与 1_r 则它们必相等，故有：

$$1_l = 1_r = 1$$

定理 4.2　代数系统 $(S, \circ)$ 中对运算"$\circ$"若存在单位元则必唯一。

单位元是代数系统运算中的重要元素，对代数系统中运算非常重要，因此它成为代数系统中的一个重要性质。

4. 单个二元运算中零元素

与单位元类似，零元素是代数系统二元运算中另一个重要的元素。

代数系统 $(S, \circ)$ 中若有元素 $0 \in S$，对任一个 $x \in S$ 均有 $0 \circ x = x \circ 0 = 0$ 则称此元素为对于运算"$\circ$"的零元素或零元。（注意：零元符号并不一定是自然数中之 0，它仅是零元符号表示而已。）

例 4.17　代数系统 $(\mathbf{R}, \times)$ 中的零元为 0。

例 4.18　自然数集 $\mathbf{N}$ 上的"取极小"运算 $\min(x, y)$ 所组成的代数系统 $(\mathbf{N}, \min)$ 中的对"min"的零元为 0。

零元素亦有左零元素与右零元素之分,而且我们可以证明两者是相等的,亦即

$$0_l = 0_r = 0$$

同时我们也可以证明一代数系统中若存在零元则必唯一。

5. 单个二元运算的逆元素

存在单位元的代数系统 $(S, \circ)$ 中如对 $a \in S$ 有 $a^{-1} \in S$,使得:

$$a \circ a^{-1} = a^{-1} \circ a = 1$$

则称 a^{-1} 为 a 对运算"$\circ$"的逆元素或称逆元。

逆元素亦有左逆元素与右逆元素,我们可以证明一个代数系统如果其运算"$\circ$"满足结合律,则其左、右逆元素必相等,即

$$a_{l-1} = a_{r-1} = a^{-1}$$

同时我们还可以证明,代数系统 $(S, \circ)$ 满足结合律,则对 $a \in S$ 如存在逆元素 a^{-1} 必唯一。

与前面几个性质不同,逆元素的存在是须有先决条件的,即代数系统 $(S, \circ)$ 对运算"$\circ$"须满足结合律并有单位元。所以在代数系统中逆元素的存在性不能构成代数系统的唯一性质,它往往是伴随其他一些性质而赋予代数系统的。

例 4.19　代数系统中 $(\mathbf{Z}, +)$ 对运算"$+$"满足结合律且存在单位元 0,对 $a \in \mathbf{Z}$ 的逆元为 $-a$,即 3 的逆元为 -3,17 的逆元为 -17。因为我们有:

$$a + (-a) = 0$$

例 4.20　代数系统 $(\mathbf{R}, \times)$ 中对运算"$\times$"满足结合律且存在单位元 1,对 $a \in \mathbf{R}$ 的逆元为 $1/a$,即 3 的逆元为 $1/3$,17 的逆元为 $1/17$。因为我们有:

$$a \times \frac{1}{a} = 1$$

例 4.21　代数系统 $(\mathbf{N}, +)$ 对运算"$+$"满足结合律且有单位元 0,但是它不存在逆元素。

下面讨论两个二元运算系统的四个性质。这些性质建立了代数系统内两种二元运算间的某些关联。此外,在单个二元运算系数中有单位元、零元及逆元,相对应在两个二元运算系统中也有类似的上界、下界及补元。

6. 两个二元运算的分配律

代数系统 $(S, \circ, *)$ 中如有 $a \in S, b \in S, c \in S$ 均有

$$a \circ (b * c) = (a * b) \circ (a * c)$$

则称该代数系统中运算"$\circ$"对"$*$"满足第一分配律。

同理,如有

$$a * (b \circ c) = (a \circ b) * (a \circ c)$$

则称该代数系统中运算"∗"对"∘"满足第一分配律。

类似,如有

$$(b * c) \circ a = (b \circ a) * (c \circ a)$$

则称该代数系统中运算"∘"对"∗"满足第二分配律。

同理,如有

$$(b \circ c) * a = (b * a) \circ (c * a)$$

则称该代数系统中运算"∗"对"∘"满足第二分配律。

7. 两个二元运算的吸收律

代数系统$(S, *, \circ)$中如对任意$a, b \in S$必有

$$a * (a \circ b) = a, \quad a \circ (a * b) = a$$

则称该代数系统满足吸收律。

8. 两个二元运算中的上界与下界

设有代数系统$(S, *, \circ)$,若存在元素$0, 1 \in S$且对任意$a, b \in S$有:

$$a * 1 = a; a * 0 = 0$$

$$a \circ 1 = 1; a \circ 0 = a$$

此时称$(S, *, \circ)$为有界的,而 1 与 0 分别称为该代数系统的上界与下界。

9. 两个二元运算中的补元素

有界代数系统$(S, *, \circ)$中如对任意$a \in S$必至少存在一个$b \in S$,使得

$$a * b = 1, a \circ b = 0$$

则称b为a的补元素(也可称补元)并可记为$\bar{a}$。

补元的取补过程可认为是一种运算,而且是一元运算。

上面的 9 个性质构成了代数系统中的基本性质。我们讨论代数系统一般均按其性质分类讨论,因此这些性质对研究代数系统极为重要。

4.1.3 代数系统的同态与同构

世界上代数系统多不胜数,而人的研究精力毕竟有限。因此我们只能集中于研究一些具有代表性的代数系统,而对大量的、非代表性的系统则设法与代表性的系统建立一定的关联,将对非代表性系统的研究归结为对具代表性系统的研究。这种两个代数系统间的关联称同态关联,简称同态,而最为紧密地关联则称为同构。现以一个二元运算代数系统为例定义之。

定义 4.5 设有两个同类型代数系统$(X, \circ)$与$(Y, *)$若存在一个映射$g: X \rightarrow Y$,使得对任意$x_1, x_2 \in X$必有

$$g(x_1 \circ x_2) = g(x_1) * g(x_2)$$

则称 g 是从 $(X, \circ)$ 到 $(Y, *)$ 的同态映射,或叫 $(X, \circ)$ 与 $(Y, *)$ 同态。当 $X = Y$ 时则称为自同态。

从同态定义可以看出两个同态代数系统具有一定程度相同的运算定义规则。同态建立了两个代数系统间的关联,这种关联紧密度依同态映射的不同而有所不同。一般讲有三种同态,它们是单同态、满同态与同构。

定义 4.6　代数系统 $(X, \circ)$ 与 $(Y, *)$ 若存在满射 $g: X \rightarrow Y$ 使得对任意 $x_1, x_2 \in X$ 必有

$$g(x_1 \circ x_2) = g(x_1) * g(x_2)$$

则称 g 是从 $(X, \circ)$ 到 $(Y, *)$ 的满同态映射,或叫 $(X, \circ)$ 与 $(Y, *)$ 满同态。若 g 为单射,则称 g 是从 $(X, \circ)$ 到 $(Y, *)$ 的单同态映射或叫 $(X, \circ)$ 与 $(Y, *)$ 单同态。若 g 为双射,则称 g 是从 $(X, \circ)$ 到 $(Y, *)$ 的同构映射,或叫 $(X, \circ)$ 与 $(Y, *)$ 同构。

类似的,可以建立两个二元运算的代数系统 $(X, \circ, \circledcirc)$ 与 $(Y, *, \otimes)$ 间的单同态、满同态与同构关联。

有关代数系统的同构、单同态与满同态可分别用下面的图 4.2(a)、(b)及(c)表示。

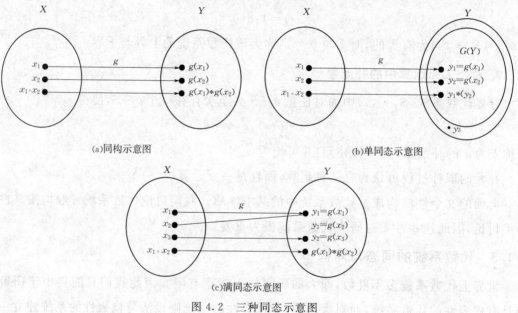

(a)同构示意图　　　(b)单同态示意图

(c)满同态示意图

图 4.2　三种同态示意图

例 4.22　代数系统 $(\mathbf{Z}, +)$ 与 $(\mathbf{Z}_n, +_n)$ 是同态的。其中 $\mathbf{Z}_n = \{0, 1, 2, 3, 4, 5, \cdots, n-1\}$,$x +_n y = (x+y)(\mathrm{mod}\ n)$。

因为存在映射 $g: \mathbf{Z} \rightarrow \mathbf{Z}_n$ 有 $g(x) = x(\mathrm{mod}\ n)$ 它满足:

$$g: (x+y) = g(x) +_n g(y)$$

同时,$(\mathbf{Z}, +)$ 与 $(\mathbf{Z}_n, +_n)$ 还是满同态的。

例 4.23　设有 $S = \{1, 2, 3\}$ 及在 S 上的二元运算"$\circ$"[见表 4.3(a)],又有 $P = \{a, b, c\}$

及在 P 上的二元运算" $*$ "(见表 4.3(b)),它们构成的代数系统 $(S,\circ)$ 与 $(P,*)$ 是同构的。

因为可构造映射 $g:S\rightarrow P$,有 $g=\{(1,a),(2,b),(3,c)\}$,它是一一对应的,且有

$$g(x_1\circ x_2)=g(x_1)*g(x_2)$$

故此两系统是同构的。

表 4.3 $(S,\circ)$ 及 $(P,*)$ 之运算组合表之一

	(a)		
$\circ$	1	2	3
1	1	2	1
2	1	2	2
3	1	2	3

	(b)		
$*$	a	b	c
a	a	b	a
b	a	b	b
c	a	b	c

这个映射 $g:S\rightarrow P$ 可用下面的图 4.3 表示。

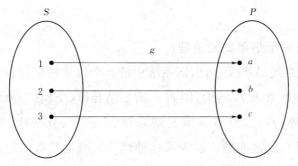

图 4.3 $(S,\circ)$ 及 $(P,*)$ 的同构映射 g 图

例 4.24 设有 $S=\{1,2\}$ 及在 S 上的二元运算" $\circ$ "[见表 4.4(a)],又有 $P=\{a,b,c\}$ 及 P 上的二元运算" $*$ "[见表 4.4(b)],它们分别所构成的代数系统 $(S,\circ)$ 与 $(P,*)$ 是同态的。

因为可以构造一个映射 $f:S\rightarrow P$ 有 $f=\{(1,a),(2,b)\}$,它是一个单射,且有:

$$f(x_1\circ x_2)=f(x_1)*f(x_2)$$

故此两系统构成了一个从 $(S,\circ)$ 到 $(P,*)$ 的同态,而且是一个单同态。

表 4.4 $(S,\circ)$ 及 $(P,*)$ 的运算组合表之二

	(a)	
$\circ$	1	2
1	1	2
2	1	2

	(b)		
$*$	a	b	c
a	a	b	a
b	a	b	b
c	a	b	c

这个映射 $f:S \rightarrow P$ 可以用下面的图 4.4 表示。

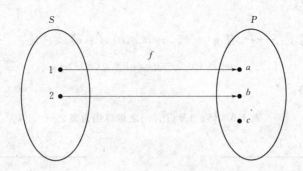

图 4.4　$(S, \circ)$ 及 $(P, *)$ 的单同态映射 f

从上面三个例子可以看出：

(1)两个同态的代数系统间是有某种性质上的关联的；

(2)三种不同的同态(即同构、满同态及单同态)则反映了性质上的不同关联性。

下面我们对三种同态作详细的分析。

1. 同构

代数系统同构有一个很重要的定理：

定理 4.3　代数系统 A 与 B 同构则系统中的 9 个性质能双向保持。

此定理告诉我们如 A 与 B 同构，则如 A 满足结合律(交换律、分配律、单位元、零元及逆元及吸收律、上下界、补元)则 B 亦满足结合律(交换律、分配律、单位元、零元、逆元及吸收律、上下界、补元)，反之亦然。这表示这种性质的满足是双向的。

代数系统的同构也告诉我们，世界上众多代数系统中，它们之间有些虽然表面不同，但它们实际上是"相同"的，同构即是研究此类代数系统之间的关系。下面先引入一个例子：

例 4.25　设有代数系统：$(\{0,1\}, +)$ 与 $(\{F, T\}, \vee)$，其运算分别由表 4.5(a) 与 (b)定义，可以发现，这两个系统是同构的。

表 4.5　代数系统运算组合表

(a)		
$\circ$	0	1
0	0	1
1	1	1

(b)		
$\vee$	F	T
F	F	T
T	T	T

仔细考察这三个代数系统后可以发现，如果将第二个系统中的元素 F 与 T 分别换以 0 与 1 后所得到的运算组合表与第一个系统的运算组合表完全相同，这表示，这两个代数系统仅是元素与运算符的形式不同，而它们的实质是一样的，即两者具有相同的定义规则，只要将其表示形式统一后，它们完全可以看成为是一个代数系统。这种表面不同而实质相同的

两个代数系统称它们是同构的。

从上面例子中可以看出两代数系统同构一般满足下面几个条件：

(1)它们是同类型的；

(2)它们的集合元素"个数"应是一样的，即两集合应有相同的基数，或元素间一一对应；

(3)它们的运算定义规则是相同的。

2. 满同态

满同态有一个很重要的定理。

定理 4.4 代数系统 A 与 B 满同态则系统中的 9 个性质能单向保持。

此定理告诉我们，如 A 与 B 满同态，则 A 具有的 9 个性质对 B 均能保持，但反之不然。

由此可以看出，满同态的条件比同构略弱一点。

代数系统满同态告诉我们，世界上众多代数系统中，某个代数系统 B 与另一个代数系统 A 满同态，则 A 中的性质均能保留到 B 中去。亦即具有单向依赖性。下面我们引入一个例子。

例 4.26 设有代数系统($\{a,b,c\}$, $*$)与($\{1,2\}$, $\circ$)其运算分别由表 4.6(a)与(b)定义。可以发现它们是满同态的。

表 4.6 代数系统运算组合表之二

(a)				
$*$	a	b	c
a	a	b	c
b	a	b	b
c	c	c	c

(b)		
$\circ$	0	1
0	0	1
1	1	1

仔细考察这两个代数系统可以发现($\{a,b,c\}$, $*$)与($\{0,1\}$, $\circ$)间：集合$\{a,b,c\}$与$\{0,1\}$间存在映射(是一种满映射)：

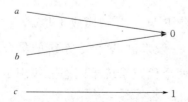

根据这种满映射关系作转换可以将表 4.6(a)转化成表 4.6(b)。但反之则不能。它表示了两个代数系统的运算定义规则有单向相同。

从上面例子中可以看出，两个代数系统满同态一般满足下面几个条件：

（1）它们是同类型的；

（2）它们的集合元素个数一般不相等，即具有不同基数；

（3）它们的运算定义规则具有单向相同性。

3. 单同态

单同态有一个很重要的定理。

定理 4.5　代数系统 A 与 B 单同态,则 A 具有的九个性质对 B 的一个子系统 B' 均能保持。

此定理告诉我们,如 A 与 B 单同态,则可在 B 中找到一个 B' 使 A 与 B' 为满同态($B' \subseteq B$),因此 A 所具有的性质对 B' 均能保持。

由此可以看出,单同态的条件比满同态还要弱一点。

代数系统单同态告诉我们,世界上众多代数系统中,某个代数系统 A 与另一个代数系统 B 满足 A 与 B 单同态,则 A 中的性质均能保留到 B 的一个子系统中。下面我们引入一个例子。

例 4.27　设有代数系统($\{F,T\}$,$\vee$)与($\{1,2,3\}$,$+$)其运算分别由表 4.7(a)、(b)定义。可以发现它们是单同态的。

表 4.7　代数系统运算组合表之三

(a) $\vee$	F	T
F	F	T
T	T	T

(b) $+$	1	2	3
1	1	2	1
2	2	2	2
3	1	2	3

仔细观察这两个代数系统可以发现,($\{F,T\}$,$\vee$)与($\{1,2,3\}$,$+$)间:集合$\{F,T\}$与$\{1,2,3\}$间存在映射 g(是一种单映射):

$$F \xrightarrow{\quad g \quad} 1$$
$$T \longrightarrow 2$$
$$3$$

根据这种单映射作转换,将 F 与 T 分别换成 1 与 2,它与($\{1,2,3\}$,$+$)的子系统($\{1,2\}$,$+$)具有相同的运算规则。一般来讲,这个子系统的集合是:$g(\{F,T\})$。

从上面例子中可以看出,两个代数系统单同态一般满足下面几个条件:

（1）它们是同类型的；

（2）它们的集合元素个数一般不相等,即具有不同基数；

（3）它们的运算定义规则具有局部(即子系统)单向相同性。

4.1.4 代数系统的分类

世上有数不清的代数系统,无法对它们作逐个的研究,一般我们将代数系统分类并按类进行研究,其原则是按类型及所拥有的性质分类:

1. 按类型

按类型即按代数系统的运算个数及运算元数分类,目前以一个二元运算与两个二元运算这两种类型较常见。

2. 按性质

按代数系统中的 9 个性质分类,即将某些性质作为固有属性而将代数系统分为若干类。

根据上述的分类原则可以将代数系统分成为若干有限个抽象系统,从而将对代数系统的研究与讨论归结为对有限个抽象系统的讨论。

目前常用的抽象代数系统共有三大类,它们是群论、环论与格论。下面分别进行介绍。

1. 群论

群论是由一个二元运算所构成的代数系统$(S, \circ)$。在群论中按其拥有的性质共分为两大类。

第一类——半群:一种满足结合律的群,在半群中还可分为:

(1)单元半群:具单位元的半群。

(2)可换半群:满足交换律的半群。

第二类——群:半群中具单位元与逆元的代数系统称群。在群中还可有可换群,即满足交换律的群。

本书在群论中重点研究群。

2. 环论

由两个二元运算所构成的代数系统$(S, *, \circ)$且满足下面三个性质的代数系统称环。

(1) $*$ 是可换群;

(2) $\circ$ 是半群;

(3) $\circ$ 是对 $*$ 满足分配律。

环是一种两个运算性质不对称但相关联的代数系统。

环论中按其拥有性质共可分两类五种:

第一类:环。

(1)可换环:对 $\circ$ 满足交换律的环称可换环。

（2）单元环：对。有单位元的环称单元环。

（3）整环：对。有单位元，无零因子（环中的一种特殊性质）的环。

第二类：域。对。有单位元与逆元的可换环。

3. 格论

格论是另一种具两个二元运算所构成的代数系统。即(S，*，。)且满足下面三个性质的代数系统称格。

- *与。满足结合律；
- *与。满足交换律；
- *与。满足吸收律。

格是一种两个运算性质相对称但不相关联的代数系统。

格论中按其拥有的性质共可分两类五种：

第一类：格。

（1）分配格：满足两种分配律的格称分配格。

（2）有界格：有上界与下界的格称有界格。

（3）有补格：有补元的格称有补格。

第二类：布尔代数。对*与。有上界、下界与补元的分配格称布尔代数。

本书在格论中重点讨论布尔代数。

群论、环论、格论之间既具独立性，又有关联性，它们构成一个完整的系统，其整体结构可用图 4.5 表示。

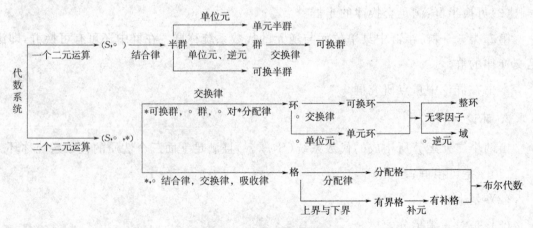

图 4.5   代数系统结构图

4.2   群   论

群是一种典型的具有一个二元运算类型的代数系统。

4.2.1 群及其性质

定义 4.7 群:代数系统$(G, \circ)$如满足下列条件:

(1)满足结合律,即如果 $a, b, c \in G$,则有

$$a \circ (b \circ c) = (a \circ b) \circ c$$

(2)存在单元位,即存在一个元素 $1 \in G$,对任一 $a \in G$ 必有

$$1 \circ a = a \circ 1 = a$$

(3)存在逆元,即对任一个 $a \in G$ 必存在一个 $a^{-1} \in G$,必有

$$a \circ a^{-1} = a^{-1} \circ a = 1$$

则称$(G, \circ)$为群。

例 4.28 $(\mathbf{Z}, +)$是群;$(\mathbf{Z}, \times)$不是群。

例 4.29 $(\mathbf{Q}, +)$是群;$(\mathbf{Q}, \times)$不是群。

例 4.30 $(\mathbf{R}, +)$是群;$(\mathbf{R}, \times)$不是群。

例 4.31 $(\mathbf{Z}_m, +_m)$是群。

例 4.32 代数系统$(G, \circ)$中 $G = \{a, b, c, d\}$,而"$\circ$"的运算组合表可见表 4.8。该代数系统满足结合律,存在单位元 d 且 G 中任一元素的逆元素是它自己,因此$(G, \circ)$是一个群。

表 4.8 $(G, \circ)$的运算组合表

$\circ$	a	b	c	d
a	d	c	b	a
b	c	d	a	b
c	b	a	d	c
d	a	b	c	d

定义 4.8 可换群:群$(G, \circ)$如满足交换律则称为可换律,或称阿贝尔群。

定义 4.9 有限群:群$(G, \circ)$中 G 的元素个数有限则称为有限群。

定义 4.10 群的阶:群$(G, \circ)$的阶记以$|G|$,如 G 为有限群则$|G|$为 G 的元素个数,如 G 元素个数为无限则$|G|$是无穷大。

由群的定义可以得到群的一些重要性质。

群性质1:群满足消去律。

它可用下面定理表示:

定理 4.6 群$(G, \circ)$满足消去律,即对任意 $a, b, c \in G$,如果有 $a \circ b = a \circ c$,则必有 $b = c$;且如果有 $b \circ a = c \circ a$ 则必有 $b = c$。

群性质2:一个阶大于1的群一定没有零元素。

它可用下面定理表示:

定理 4.7   群$(G,\circ)$中如$|G|>1$则$(G,\circ)$必不存在零元素。

群性质 3:除单位元之外,群中一定没有等幂元素。

它可用下面定理表示:

定理 4.8   群$(G,\circ)$中除 $1\in G$ 以外,不存在$a\in G$有$a\circ a=a$。

最后,可以得到群的第四性质如下:

群的性质 4:群方程在群内有唯一解。

它可用下面定理表示:

定理 4.9   群$(G,\circ)$中 $a,b\in G$ 有群方程如下:

$$a\circ x=b$$
$$y\circ a=b$$

该方程在群内有唯一解。

例 4.33   群$(Z,+)$中的群方程:$13+x=57$ 有唯一的解:44,$y+6=3$ 有唯一的解-3。

这个性质很重要,可以用它定义群,从而得到群的第二个定义如下:

定义 4.11   群的第二个定义:代数系统$(G,\circ)$如满足下列条件:

(1)满足结合律:即对任意 $a,b.\,c\in G$ 则有

$$a\circ(b\circ c)=(a\circ b)\circ c$$

(2)群方程在群内有唯一解:即对 $a,b\in G$,则有群方程:

$$a\circ x=b;y\circ a=b$$

在 G 内有唯一解,则称$(G,\circ)$为群。

上面的性质构成了群的四个最基本的性质。

*4.2.2   群同态与变换群

本节讨论群的同态以及它的一些重要性质。

定义 4.12   群同态:设$(G,\circ)$与$(H,*)$是两个群,若存在一个映射 $g:G\rightarrow H$,使得对每个 $a,b\in G$,有:

$$g(a\circ b)=g(a)*g(b),$$

则称 g 是从$(G,\circ)$到$(N,*)$的群同态。

如 $g:G\rightarrow H$ 是满射(双射),则称 g 是从$(G,\circ)$到$(N,*)$的满同态(同构)。

对于群同态有下面一些性质:

群同态性质 1:两个同态的群其单位元与逆元间均存在同态映射关系。它可用下面定理表示,

定理 4.10   设$(G,\circ)$与$(H,*)$是两个群,有一个从 G 到 H 的映射 $g:G\rightarrow H$ 使其为群同态,则此时有

$$g(1_G)=1_H$$

$$g(a^{-1})=(g(a))^{-1}$$

式中，1_G 与 1_H 分别是 $(G,\circ)$ 与 $(H,*)$ 的单位元。

群同态性质 2：与群满同态及同构的代数系统也一定是群。它可用下面定理表示：

定理 4.11　设有群 $(G,\circ)$ 及代数系统 $(H,*)$，如有 $(G,\circ)$ 与 $(H,*)$ 满同态或同构则 $(H,*)$ 也是群。

接下来我们讨论群的同构，并重点讨论每个群均与一个变换群同构。

在第三章我们已定义了变换的概念，所谓变换即是从集合 S 到 S 的一个一一对应函数，它可记为

$$\tau:S\to S$$

下面举一个变换的例子。

例 4.34　设 $S=\{1,2\}$，则有 τ_1：

$$\tau_1(1)=1,\tau_2(2)=2$$

是一个变换。

同时有 τ_2：

$$\tau_2(1)=2,\tau_2(2)=1$$

也是一个变换。

但是下面的 τ_3 与 τ_4 均不是变换，它们分别是：

$$\tau_3(1)=1,\tau_3(2)=1;$$
$$\tau_4(1)=2,\tau_4(2)=2$$

一般来讲，集合上的变换可以有多个，如上例中集合 $S=\{1,2\}$ 的变换共有 2 个。它们是 τ_1 与 τ_2。一个集合 S 上的所有变换可以构成一个集合 S'，它可称为 S 的变换集。

其次，可以在变换集上定义一个变换的运算，这是一个变换的复合运算，由于变换是一种函数，而函数有复合运算，故变换也存在复合运算，它可称为复合变换，并可记为"$\circ$"。

这样，$(S',\circ)$ 构成一个代数系统。如上例中 $(\{\tau_1,\tau_2\},\circ)$ 构成一个代数系统。

进一步，我们讨论 $(S',\circ)$ 所满足的性质：

(1)首先，函数中的复合运算满足结合律，因此复合变换也满足结合律。

(2)其次，$(S',\circ)$ 中存在单位元，该单位即是恒等变换 τ_1，亦即是说：$\tau_1(x)=x$，对 $x\in S$，若 S' 中的任一变换 τ，均有：

$$\tau_1\circ\tau=\tau\circ\tau_1=\tau$$

(3)最后，$(S',\circ)$ 中任一变换 τ 均存在一个逆变换 τ^{-1}，满足：

$$\tau\circ\tau^{-1}=\tau^{-1}\circ\tau=\tau_1$$

通过讨论可以知道 $(S',\circ)$ 是一个群。它可称为变换群。下面可以用一个定理对它表示如下：

定理 4.12　集合 S 所构成变换集 S' 与复合变换所组成的代数系统 $(S', \circ)$ 是一个群。

一般而言,变换群有多种,如 S 上的若干个变换与复合变换构成一个群,则也叫变换群。这样,我们可以对变换群作一个定义如下:

定义 4.13　变换群:集合 S 上的若干个变换与复合变换若构成群,则此群称变换群。

变换群有一个重要的定理。

定理 4.13　一个群均与一个变换群同构。

证明　这是一个可构造性的证明,亦即是说,对任一个群,均可通过一个有限的构造步骤,构造出一个与该群同构的变换群。

这个证明的步骤如下:

(1)构造一个变换群:

设有群 $(G, *)$,从 G 中取一元素 $a \in G$,构造一个变换 τ_a 如下:

$$\tau_a : x \to x * a$$

即

$$\tau_a(x) = x * a$$

这样,对 G 中每个元素均可构造一个变换,它们组成一个变换集 G'。由此构成一个代数系统 $(G', \circ)$。

(2)证明 $(G, *)$ 与 $(G', \circ)$ 同态:

构造一个映射 $\varphi : G \to G'$:

$$\varphi(a) = \tau_a$$

它满足:$\varphi(a * b) = \varphi(a) \circ \varphi(b)$。从而证明 $(G, *)$ 与 $(G', \circ)$ 同态。

(3)证明 $(G, *)$ 与 $(G', \circ)$ 同构:

由于每个 G' 中的元素 τ_a 均有 G 中元素 a 与之对应故 φ 是一个满射。

又因为对 $a \neq b (a, b \in G)$ 用消去律必有:

$$x * a \neq x * b, (x \in G)$$

故有

$$\tau_a \neq \tau_b,$$

由此可知 φ 为一对一函数。

到此为止证明了 φ 是一个一一对应函数。从而证明了 $(G, *)$ 与 $(G', \circ)$ 同构。

(4)$(G', \circ)$ 是一个变换群。

由定理 4.11 可知 $(G', \circ)$ 是一个变换群。

这个定理很重要,它告诉我们:

(1)对群的研究可归结为对变换群的研究。

(2)对每一个抽象的群均可在变换群中找到一个实例。

由这两个结论可以看出,变换群是一种很重要的群。

4.2.3　有限群

有限群是群中的一大类型,我们对它的研究与了解已比较深刻,在本节中我们将对它做详细介绍。

有限群的定义已在定义 5.6 中介绍。由于它的特殊性,对它还可有另一个定义:

定理 4.14　代数系统 $(G, \circ)$,若 G 为有限且满足结合律与消取律则构成一个群。

这个定理告诉我们,有限群有比一般群更为宽松的条件,即可用消取律取代单位元与逆元的存在,而这在一般群中是做不到的。

接下来我们讨论有限群中的运算,我们知道,有限群中的运算一般用运算组合表表示,它可称为群表。下面给出一个群表的例子。

例 4.35　设有群 $(G, *)$,其中 $G = \{1, 2, 3\}$,而运算" $*$ "的群表可用表 4.9 表示。

表 4.9　$(G, \circ)$ 的群表

$*$	1	2	3
1	1	2	3
2	2	3	1
3	3	1	2

在有限群中群表的作用很大,可通过群表看出群的很多特性。

(1)由于单位元的存在使得群表中总存在一行(或一列)与横线上的元素完全一致,如表 5.5 中第一行(第一列)为 (1,2,3),它与横线上元素完全一致。

(2)由于消去律的存在使得群表中每一行(列)内元素各不相同,且任两行(列)对应元素亦均不相同。故群表中每一行(列)是有限群元素的一个排列。如表 5.4 中每行元素各不相同,它们是:(1,2,3),(2,3,1),(3,1,2)且任意两行中各对应元素亦均不同:

$$
\begin{array}{ccc}
1\ 2\ 3 & 1\ 2\ 3 & 2\ 3\ 1 \\
1\ 2\ 3 & 2\ 3\ 1 & 3\ 1\ 2
\end{array}
$$

(3)如果有限群是可换群,其可换性与群表的对称性是一致的。亦即是说,将群表的行列对换后所得的表与原表一致。

由上面三个性质可知,一个有限的代数系统是否构成群可从群表中看出,(满足结合律除外)其是否为可换群也可从群表中看出。

*4.2.4　置换群

在前面的变换群介绍中已经知道,可以用变换群替代一般的群作研究,这种方法对有限群的研究也有效。因此可以用变换群的方法研究有限群。我们首先对有限变换群下

定义:

定义 4.14 一个阶为 n 的有限集合 S 上的所有变换所组成的集合 S_n 及其复合运算所构成的变换群 $(S_n,\circ)$ 称为 S 的对称群,若有限集 S 上若干个变换所组成的集合 S' 及其复合运算所组成的变换群 $(S',\circ)$ 称为 S 的置换群。

下面用一个例子来说明置换群与对称群。

例 4.36 有限集 $S=\{1,2,3\}$,在 S 上构造一个变换 p:

$$p(1)=3, p(2)=1, p(3)=2$$

它可以用下式表示:

$$p=\begin{bmatrix} 1 & 2 & 3 \\ 3 & 1 & 2 \end{bmatrix}$$

在 S 上的所有变换共有 6 种,可以将它们一一列出如下。

$$p_1=\begin{bmatrix} 1 & 2 & 3 \\ 1 & 2 & 3 \end{bmatrix}, p_2=\begin{bmatrix} 1 & 2 & 3 \\ 2 & 1 & 3 \end{bmatrix}, p_3=\begin{bmatrix} 1 & 2 & 3 \\ 3 & 2 & 1 \end{bmatrix},$$

$$p_4=\begin{bmatrix} 1 & 2 & 3 \\ 1 & 3 & 2 \end{bmatrix}, p_5=\begin{bmatrix} 1 & 2 & 3 \\ 2 & 3 & 1 \end{bmatrix}, p_6=\begin{bmatrix} 1 & 2 & 3 \\ 3 & 1 & 2 \end{bmatrix}。$$

这 6 个变换实际上是 S 中元素的不同置换,由它们所构成的集合 $S_3=\{p_1,p_2,\cdots,p_6\}$ 称置换集,S_3 与复合运算构成了一个 $(S_3,\circ)$,它是一个群,叫对称群。这是因为:

(1) $(S_3,\circ)$ 是封闭的,因此是一个代数系统。

对 S_3 中任意两个元素 p_i,p_j 作复合运算后所得的 p_k 仍在 S_3 内,例如:

$$p_3\circ p_5=\begin{bmatrix} 1 & 2 & 3 \\ 3 & 2 & 1 \end{bmatrix}\circ\begin{bmatrix} 1 & 2 & 3 \\ 2 & 3 & 1 \end{bmatrix}=\begin{bmatrix} 1 & 2 & 3 \\ 3 & 2 & 1 \end{bmatrix}\circ\begin{bmatrix} 3 & 2 & 1 \\ 1 & 3 & 2 \end{bmatrix}=\begin{bmatrix} 1 & 2 & 3 \\ 1 & 3 & 2 \end{bmatrix}=p_2$$

(2) $(S_3,\circ)$ 满足结合律。

(3) $(S_3,\circ)$ 存在单位元。

$$(S_3,\circ)\text{的单位元为:} p_1=\begin{bmatrix} 1 & 2 & 3 \\ 1 & 2 & 3 \end{bmatrix}$$

(4) $(S_3,\circ)$ 中任一元素均存在逆元素。

如 p_6 的逆元素是 p_5,p_3 的逆元素为它自己,等等。这是因为:

$$p_6\circ p_5=\begin{bmatrix} 1 & 2 & 3 \\ 3 & 1 & 2 \end{bmatrix}\circ\begin{bmatrix} 1 & 2 & 3 \\ 2 & 3 & 1 \end{bmatrix}=\begin{bmatrix} 1 & 2 & 3 \\ 3 & 1 & 2 \end{bmatrix}\circ\begin{bmatrix} 3 & 1 & 2 \\ 1 & 2 & 3 \end{bmatrix}=\begin{bmatrix} 1 & 2 & 3 \\ 1 & 2 & 3 \end{bmatrix}=p_1$$

$$p_3\circ p_3=\begin{bmatrix} 1 & 2 & 3 \\ 3 & 2 & 1 \end{bmatrix}\circ\begin{bmatrix} 1 & 2 & 3 \\ 3 & 2 & 1 \end{bmatrix}=\begin{bmatrix} 1 & 2 & 3 \\ 3 & 2 & 1 \end{bmatrix}\circ\begin{bmatrix} 3 & 2 & 1 \\ 1 & 2 & 3 \end{bmatrix}=\begin{bmatrix} 1 & 2 & 3 \\ 1 & 2 & 3 \end{bmatrix}=p_1$$

在 $(S_3,\circ)$ 之上,我们构造一个 $(S',\circ)$,其中 $S'=\{p_1,p_3\}$,$(S',\circ)$ 是一个群,它称为置

换群。

有关对称群与置换群有下面几个重要性质：

对称群性质：阶为 n 的有限集 S 的对称群$(S_n,\circ)$的阶为 $n!$。

置换群性质：每个有限群均与一个置换群同构。

由有限群构造置换群的方法在定理 4.13 中已有详细说明；它所构造的置换与群表紧密相关。实际上$(S,*)$中的群表一旦确定，其置换集 S' 也随之相应确定。下面用一例说明。

例 4.37 设有限群$(S,*)$如例 4.35 所示，其中 $S=\{1,2,3\}$，而其群表为表 4.9 所示。对$(S,*)$可构造一个$(S',\circ)$，其中 $S'=\{p_1,p_2,p_3\}$，它们是

$$p_1=\begin{bmatrix}1&2&3\\1&2&3\end{bmatrix},\ p_2=\begin{bmatrix}1&2&3\\2&3&1\end{bmatrix},\ p_3=\begin{bmatrix}1&2&3\\3&1&2\end{bmatrix}$$

这三个置换分别对应表 4.9 中的三个行。由它们所组成的 S' 以及$(S',\circ)$构成的置换群，与$(S,*)$同构。

这个性质告诉我们，研究有限群问题可归结为研究置换群的问题，而置换群是一种比较容易研究的群。因此这个定理将有限群的研究简单化了。

4.2.5 循环群

循环群是目前群论中了解得最为透彻的一类群。通过对它的介绍，可以看出整个群论的研究方法。

为研究循环群，首先给出群中元素方幂的定义：

定义 4.15 方幂：设有群$(G,\circ)$，$a\in G$，则 a 的 n 次方幂 a^n 可定义如下：

$$\begin{cases}a^0=1\\a^{j+1}=a^j\circ a & (j\geqslant 0),\\a^{-j}=(a^{-1})^j & (j>0)。\end{cases}$$

对于方幂，一般可以有如下的一些结果：

$$a^n\circ a^m=a^{n+m}(n,m\ \text{为整数})$$

$$(a^n)^m=a^{n\times m}$$

在定义了方幂后我们即可定义循环群。

定义 4.16 循环群：群$(G,\circ)$的每个元素均是它的某个固定元素 a 的某次方幂，则称$(G,\circ)$是由 a 所生成的循环群，而 a 则称为$(G,\circ)$的生成元素或简称生成元。

定义 4.17 生成元素周期：一个由 a 生成的循环群$(G,\circ)$，若存在 m 使得 $a^m=1$ 的最小正整数 m 称为 a 的周期；若不存在这种 m，则称 a 的周期为无限。

下面给出两个循环群的例子。

例 4.38 整数加群$(\mathbf{Z},+)$是一个生成周期为无限的循环群。

首先，$(\mathbf{Z},+)$是群，其单位元为0，$a \in Z$则其逆元为$-a$。其次$(\mathbf{Z},+)$是循环群，其生成元是1，且周期为无限。

例 4.39 剩余类加群$(\mathbf{Z}_m,+_m)$是周期为m的循环群。

首先，$(\mathbf{Z}_m,+_m)$是群，其单位元为：$[0]$，对任一元素$[i] \in \mathbf{Z}_m$，其逆元为：$[m-i]$。其次$(\mathbf{Z}_m,+_m)$是循环群，其生成元为$[1]$，周期为m。

为清楚起见，将$(\mathbf{Z}_m,+_m)$的群表列示如表 4.10 所示。

表 4.10　$(\mathbf{Z}_m,+_m)$群表

$+_m$	$[0]$	$[1]$	$[2]$	$\cdots$	$[m-1]$
$[0]$	$[0]$	$[1]$	$[2]$	$\cdots$	$[m-1]$
$[1]$	$[1]$	$[2]$	$[3]$	$\cdots$	$[0]$
$[2]$	$[2]$	$[3]$	$[4]$	$\cdots$	$[1]$
$\vdots$	$\vdots$	$\vdots$	$\vdots$		$\vdots$
$[m-1]$	$[m-1]$	$[0]$	$[1]$	$\cdots$	$[m-2]$

由这两个例子出发可以给出循环群中的一个很重要的定理。

定理 4.15 设有一个由a生成的循环群$(G,\circ)$，若：

(1)a的周期为无限，则$(G,\circ)$与$(\mathbf{Z},+)$同构；

(2)a的周期为有限，则$(G,\circ)$与$(\mathbf{Z}_m,+_m)$同构。

这个定理很重要，它说明了：

(1)无限循环群同构于整数加群。也就是说，对无限循环群的研究可归结为对整数加群的研究。而由于对整数加群的认识已有数千年历史，而对它的性质已几乎全部了解，所以说，无限循环群的问题已基本解决。

(2)周期为m的循环群同构于剩余类加群，也就是说，对它的研究可归结为对剩余类加群的研究。而对剩余类加群的认识，在数论中已有深刻研究，早在数千年前我国数学家就在此方面做出辉煌的成绩，著名的孙子定理(国外称中国剩余定理)就是其中一例。故此类循环群的问题也已基本解决。

(3)将对一般性循环群的研究归结为对两个特例研究，将一个困难、生疏的系统研究归结为对熟悉的系统的研究，这是对循环群研究给我们带来的启迪与思考。它可以帮助我们如何从方法论上着手研究代数系统指明一条方向。

至于循环群的具体构造，也可以知道得很清楚：

(1)如a的周期为无限，则$(G,\circ)$的元素是：

$$\cdots,a^{-2},a^{-1},a^0,a^1,a^2,\cdots$$

(2)如a的周期为m，则$(G,\circ)$的元素是：

$$a^0, a^1, a^2, a^3, \cdots, a^{m-1}$$

4.2.6　子群

定义 4.18　子群:群 $(G, \circ)$ 的一个子代数 $(H, \circ)$ 也是群则称 $(H, \circ)$ 是 $(G, \circ)$ 的一个子群。

下面讨论构成子群的充分必要条件。

定理 4.16　群 $(G, \circ)$ 中有 $H \subseteq G$, $(H, \circ)$ 构成 $(G, \circ)$ 的子群的充分必要条件是:

(1)若 $a, b \in H$ 则 $a \circ b \in H$

(2)若 $a \in H$ 则 $a^{-1} \in H$

此定理可得到一个推理如下:

推理:群 $(G, \circ)$ 有子群 $(H, \circ)$,则 $(H, \circ)$ 的单位元即是 $(G, \circ)$ 的单位元;$(H, \circ)$ 内 $a \in H$ 的逆元即是 $(G, \circ)$ 内 a 的逆元。

定理 4.16 还可有一个替代性的定理如下:

定理 4.17　群 $(G, \circ)$ 中有 $H \subseteq G$, $(H, \circ)$ 构成 $(G, \circ)$ 的子群的充分必要条件:

若 $a, b \in H$,则 $a \circ b^{-1} \in H$。

如果 $(H, \circ)$ 是 $(G, \circ)$ 的有限子群则构成子群的充分必要条件尚可进一步放宽:

定理 4.18　群 $(G, \circ)$ 中的 $H \subseteq G$, H 为有限,则 $(H, \circ)$ 构成群的充分必要条件:

若 $a, b \in H$,则 $a \circ b \in H$。

这是一个极为宽松的条件,亦即是说群 $(G, \circ)$ 的任何有限子代数 $(H, \circ)$ 均为它的子群。

有关子群的例子很多,我们下面列举一些。

例 4.40　群 $(G, \circ)$ 的任一个元素 a 所生成一个 $(G, \circ)$ 的循环子群 $(H, \circ)$。

例 4.41　群 $(G, \circ)$ 中它自己及 $(\{1\}, \circ)$ 都是 $(G, \circ)$ 的子群,它称为 $(G, \circ)$ 的平凡子群,而除了这两个子群外,其他的所有子群叫 $(G, \circ)$ 的真子群。

例 4.42　$(\mathbf{Z}_4, +_4)$ 中 $(\{[0], [2]\}, +_4)$ 构成 $(\mathbf{Z}_4, +_4)$ 的子群,它同时也是 $(\mathbf{Z}_4, +_4)$ 的真子群。

例 4.43　$(\mathbf{Q}, +)$ 是 $(\mathbf{R}, +)$ 的子群;$(\mathbf{Z}, +)$ 是 $(\mathbf{Q}, +)$ 的子群。

在子群中有一个重要定理,即是拉格朗日定理,为说明该定理必须从子群陪集讲起。

定义 4.19　子群陪集:设群 $(G, \circ)$ 有子群 $(H, \circ)$,对 $a \in G$ 可定义 H 的左陪集 aH:

$$aH = \{a \circ h \mid h \in H\}$$

同理可以定义 H 的右陪集 Ha 如下:

$$Ha = \{h \circ a \mid h \in H\}$$

子群陪集有一个很重要定理:

定理 4.19　一个群 G 所有左(右)陪集互不相交且有相同基数,它可以将群划分成若干个不相交的集合并覆盖群 G。

下面用一个例子说明：

例 4.44　$(\mathbf{Z}, +)$是整数加群，H 是正整数 m 的所有倍数作成的元素集合，则$(H, +)$是$(\mathbf{Z}, +)$的子群，如 $m = 3$，它可表示如下：

$$(H, +) = (\{\cdots, -6, -3, 0, 3, 6, \cdots\}, +)$$

H 的左(右)陪集一共有三个，它们分别为：

$$H = H_0 = \{\cdots, -6, -3, 0, 3, 6, \cdots\}$$
$$H_1 = \{\cdots, -5, -2, 1, 4, 7, \cdots\}$$
$$H_2 = \{\cdots, -4, -1, 2, 5, 8, \cdots\}$$

这三个左(右)陪集 H_0, H_1 及 H_2 有相同的基数为 $\aleph_0$，它们将群 $\mathbf{Z}$ 划分成三个互不相交的集合并完全覆盖群 $\mathbf{Z}$。

下面开始讨论拉格朗日定理，为此首先定义指数的概念。

定义 4.20　指数：群$(G, \circ)$有子群$(H, \circ)$，H 在$(G, \circ)$中的左(右)陪集个数称为 H 在$(G, \circ)$中的指数，并记为 K。K 一般为正整数，当左(右)陪集个数为无穷多个时，则 K 为无限。

例 4.45　例 4.44 中 H 在$(\mathbf{Z}, +)$中的指数为 3。

例 4.46　$(\mathbf{Z}, +)$中 $H = \{-1, 1\}$ 的指数为无限。

下面介绍拉格朗日定理：

定理 4.20　拉格朗日定理：一个有限群$(G, \circ)$的阶一定被它的子群$(H, \circ)$的阶所等分。且有：

$$K = |G| / |H|$$

拉格朗日定理是一个很重要的定理，它给出了 G、H 的阶：$|G|$、$|H|$ 与指数 K 间的关系。由这个定理可推得很多有趣的结果：

推论 1　任一个阶为素数的有限群没有真子群。它一定是一个循环群且一定是可换的。

推论 2　一个有限群子群的阶一定是该有限群阶的因子。

这个推论告诉我们一个群的子群的阶是受限的，如$(G, \circ)$的阶为 6 则其子群$(H, \circ)$的阶必为 1, 2, 3, 6 而绝不可能为 4 或 5。

推论 3　任一阶为 n 的有限群$(G, \circ)$必有 $a^n = 1$. $(a \in G)$它必为循环群，且一定是可换的。

推论 4　任一有限群当其阶不大于 5 时它必为可换的。

例 4.47　设有例 4.32 中群$(G', \circ)$为表 4.8 所示，它的子系统$(G', \circ)$(其中 $G' = \{c, d\}$)是群，它有两个左陪集 $a \circ G' = \{a, b\}$，$c \circ G' = \{c, d\}$它们的基数均为 2 且互不相交且完全覆盖

G, 同时有 $|G|=4$, $|G'|=2$, $K=2$, 因此满足:

$$K=|G|/|G'|$$

4.3　布　尔　代　数

4.3.1　格介绍

布尔代数是一种格, 介绍布尔代数必须从格讲起。

定义 4.21　格: 设 L 是一个非空集合, $*$ 与 $\circ$ 是 L 上的两个二元运算, 如果它们满足: 对 $a,b,c\in L$, 有

(1)交换律: $a*b=b*a$, $a\circ b=b\circ a$;

(2)结合律: $(a*b)*c=a*(b*c)$, $(a\circ b)\circ c=a\circ(b\circ c)$;

(3)吸收律: $a*(a\circ b)=a$, $a\circ(a*b)=a$。

则称代数系统 $(L,*,\circ)$ 是格, 或称代数格。

例 4.48　设 S 是一个非空集合, $\rho(S)$ 是 S 的幂集, $\rho(S)$ 上的集合运算 $\bigcap$ 与 $\bigcup$ 构成一个代数系统: $(\rho(S),\bigcap,\bigcup)$, 它的两个运算均满足交换律、结合律与吸取律。因此它是一个格。

例 4.49　$\mathbf{Z}_+$ 是正整数集合, $\mathbf{Z}_+$ 上的两个二元运算:

$\gcd(a,b)$——两个正整数的最大公因数;

$\mathrm{lcm}(a,b)$——两个正整数的最小公倍数。

所构成的代数系统: $(\mathbf{Z}_+,\gcd,\mathrm{lcm})$ 满足两个运算的交换律、结合律与吸收律。因此它是一个格。

在格的基础上我们可以进一步讨论几种特殊的格, 它们分别是分配格、有界格与有补格。

定义 4.22　分配格: 设 $(L,*,\circ)$ 是格, 如对任意 $a,b,c\in L$ 均有

$$a*(b\circ c)=(a*b)\circ(a*c); a\circ(b*c)=(a\circ b)*(a\circ c)$$

则称 $(L,*,\circ)$ 为分配格。

例 4.50　$(\rho(S),\bigcap,\bigcup)$ 是分配格。

定义 4.23　有界格: 设有格 $(L,*,\circ)$, 若存在上界 1 及下界 0, 则称 $(L,*,\circ)$ 为有界格。

例 4.51　$(\{1,2,4,8\},\gcd,\mathrm{lcm})$ 是有界格, 其上、下界分别为 8 与 1。

有补格是有界格的进一步发展结果。即是具补元的有界格。

定义 4.24　有补格: 设有有界格 $(L,*,\circ)$ 且对任意 $a\in L$, 均有补元, 则称 $(L,*,\circ)$ 为有补格。

在有补格中 1 与 0 互为补元。

4.3.2 布尔代数介绍

在格的基础上可以引入布尔代数。

定义 4.25 布尔代数:一个有补分配格称为布尔代数,它可记为 $(B,+,\circ,-)$。

例 4.52 $(\rho(S),\cap,\cup,\sim)$ 是一个布尔代数,其上、下界分别为 S 与 $\varnothing$。

根据布尔代数定义,很容易可以知道它有 10 个性质:

设 $(B,+,\circ,-)$ 是布尔代数,对任意 $a,b,c\in B$,必有

(1)交换律:$a+b=b+a$;$a\circ b=b\circ a$

(2)结合律:$a+(b+c)=(a+b)+c$;$a\circ(b\circ c)=(a\circ b)\circ c$

(3)等幂律:$a+a=a$;$a\circ a=a$

(4)分配律:$a\circ(b+c)=(a\circ b)+(a\circ c)$;$a+(b\circ c)=(a+b)\circ(a+c)$

(5)吸收律:$a+(a\circ b)=a$;$a\circ(a+b)=a$

(6)零一律:$a+1=1$;$a\circ 0=0$

(7)同一律:$a+0=a$;$a\circ 1=a$

(8)互补律:$a+\bar{a}=1$;$a\circ\bar{a}=0$

(9)双补律:$\bar{\bar{a}}=a$

(10)德·摩根律:$\overline{a+b}=\bar{a}\circ\bar{b}$;$\overline{a\circ b}=\bar{a}+\bar{b}$

这 10 条定律并不独立。很容易证明,只要满足交换律、分配律、同一律与互补律等四条定律即可推出其余六条定律。这样,我们可以对布尔代数用另一种定义形式表示:

定义 4.26 布尔代数定义:设 $(B,+,\circ,-)$ 是一个代数系统,如对任意 $a,b,c\in B$ 均满足性质:交换律、分配律、同一律及互补律则称它是一个布尔代数。

布尔代数是一种由两个二元运算及一个一元运算所组成的代数系统。有时为方便起见还可引入两个辅助运算,它们分别可称为谢弗运算 $a\uparrow b$ 与魏泊运算 $a\downarrow b$。它可表示如下:

$$a\uparrow b=\overline{a+b}$$
$$a\downarrow b=\overline{a\circ b}$$

这两个运算的特点是它们中的每一个运算都可以取代布尔代数中的三个运算。也就是说,布尔代数可以由 $(B,\uparrow)$ 或 $(B,\downarrow)$ 组成。

这主要有下面两组等式:

$$\bar{a}=a\uparrow a;\quad a\circ b=(a\uparrow a)\uparrow(b\uparrow b);\quad a+b=(a\uparrow b)\uparrow(a\uparrow b)\quad(4\text{-}1)$$

$$\bar{a}=a\downarrow a;\quad a+b=(a\downarrow a)\downarrow(b\downarrow b);\quad a\circ b=(a\downarrow b)\downarrow(a\downarrow b)\quad(4\text{-}2)$$

定义 4.27 有限布尔代数:设有布尔代数 $(B,+,\circ,-)$ 如 $|B|$ 为有限则称其为有限布尔代数。

有限布尔代数有一个重要的性质:一个有限布尔代数必与 $(\rho(S),\cap,\cup,\sim)$ 同构。

定理 4.21 (Stone 表示定理):设 $(B,+,\circ,-)$ 是一个有限布尔代数则必与一个

$(\rho(S),\cap,\cup,\sim)$同构。

根据这个定理可以推出很多结果：

推论 1 有限布尔代数的元素个数必为 2 的整数幂。即必存在 $n>0$ 使其元素个数为 2^n。

推论 2 任何一个具 2^n 个元素的布尔代数必同构。

推论 3 布尔代数的最小元素个数为 2。

根据推论 3 可以得到一个元素个数为最小的布尔代数，它一般称为开关代数。

例 4.53 开关代数是一个代数系统，它由 0 与 1 两个元素组成的集合：$\{0,1\}$ 以及两个二元运算 "＋"，"。" 与一个一元运算："—" 所组成，其运算组合表见表 4.11 所示。这样所构成的代数系统 $(\{0,1\},+,\circ,-)$ 满足交换律、分配律、同一律与互补律，因而构成一个布尔代数。其上、下界分别为 1 与 0。开关代数构成了计算机中的基本组件结构。

表 4.11 开关代数运算组合表

(a)				(b)				(c)	
＋	0	1		∘	0	1		—	
0	0	1		0	0	0		0	1
1	1	1		1	0	1		1	0

例 4.54 设 B_n 是 n 元有序组 $a=(a_1,a_2,\cdots,a_n)$ 所构成的集合，其中 $a_i\in\{0,1\}$，$(i=1,2,\cdots,n)$，定义 B_n 上的运算如下：

设 $a=(a_1,a_2,\cdots,a_n)$，$b=(b_1,b_2,\cdots,b_n)$ 则有

$$a+b=(a_1+b_1,a_2+b_2,\cdots,a_n+b_n)$$
$$a\circ b=(a_1\circ b_1,a_2\circ b_2,\cdots,a_n\circ b_n)$$
$$\bar{a}=(\bar{a_1},\bar{a_2},\cdots,\bar{a_n})$$

可以证明 $(B,+,\circ,-)$ 是一个布尔代数。它的上、下界分别为 $0_n=(\underbrace{0,0,\cdots,0}_{n})$，$1_n=(\underbrace{1,1,\cdots,1}_{n})$。它一般称二进字代数。它构成了计算机系统的基本结构。

例 4.55 设 $S_{110}=\{1,2,5,10,11,22,55,110\}$ 是 110 的正因数集合，则代数系统：$(S_{110},\gcd,1\,\mathrm{cm},\neg)$ 构成一个布尔代数。其中 gcd 与 1 cm 分别表示两个数的最大公因数与最小公倍数，而 $\neg x=110/x$，它的上、下界分别为 110 与 1。

定义 4.28 子布尔代数：设 $(B,+,\circ,-)$ 是一个布尔代数，$H\subseteq B$ 且 $H\neq\varnothing$，如有 $(H,+,\circ,-)$ 是 $(B,+,\circ,-)$ 的子代数则它必是一个布尔代数，并称其为 $(B,+,\circ,-)$ 的子布尔代数。

对于子布尔代数我们有如下的必然结果：

定理 4.22　开关代数：$(\{0,1\},+,\circ,-)$ 是所有布尔代数的最小子代数。

4.3.3　布尔函数

布尔函数是布尔代数中开关代数的一种扩展。

定义 4.29　布尔函数：设有 $B=\{0,1\}$，可用它构造一个函数 $Y=f(x_1,x_2,\cdots,x_n)$，其中 $f:B^n\to B$，这个函数称为 n 元布尔函数，而 $x_i(i=1,2,\cdots,n)$ 则称为该函数的布尔变元。

一个布尔函数可以用映射表示，它可用表的形式表示。表 4.12 给出了一种三元布尔函数的映射。这种表称布尔映射表。

表 4.12　三元布尔函数的一种布尔映射表

x_1	x_2	x_3	Y
0	0	0	1
0	1	0	1
1	0	0	1
1	1	0	1
0	0	1	0
0	1	1	0
1	0	1	0
1	1	1	0

布尔函数可以用布尔表达式表示，而布尔表达式可以定义如下：

定义 4.30　布尔表表达式可由下面的公式组成：

(1)0 与 1 是布尔表达式；

(2)布尔变元 $x_1,x_2,\cdots,x_n$ 是布尔表达式；

(3)E_1,E_2 是布尔表达式则 $(E_1\circ E_2)$，(E_1+E_2) 及 $\overline{E_1}$ 是布尔表达式；

(4)布尔表达式由且仅由通过上述三种方式在有限步骤内组成。

此种公式的组成方式称合式公式。

例 4.56　$(x_1+(x_2\circ x_3))$ 是布尔表达式。

例 4.57　$(x_1x_2\circ x_3)$ 不是布尔表达式。

下面我们讨论如何由布尔函数（它由布尔映射表定义）构造布尔表达式。

定义 4.31　文字与最小项：布尔变元或其补称文字，布尔变元 $x_1,x_2,\cdots,x_n$ 的最小项是一个布尔积：$y_1\circ y_2\circ\cdots\circ y_n$，其中 $y_i=x_i$ 或 $y_i=\overline{x_i}$。

一个最小项对一个且仅对一个变元值的组合取值为 1，这个变元值的取值是：

· 当 $y_i=x_i$ 时取值为 1；

· 当 $y_i=\overline{x_i}$ 时取值为 0。

例 4.58　最小项 $x_1 \circ \overline{x_2} \circ x_3$ 仅对 $x_1=1, x_2=0, x_3=1$ 的取值组合为 1。

定义 4.32　积之和展开式：由最小项所表示的布尔积所组成的和称为积之和表达式，也可称为积之和展开式。

定理 4.23　布尔函数可用一个积之和展开式表示。

证明　布尔函数可由布尔映射表表示，而布尔映射表中使布尔函数的值为 1 的行与一个最小项对应，而整个表有 m 个使布尔函数的值为 1 的行，它们组成了 m 个布尔积的和，因此是一个积之和展开式。

例 4.59　请写出如表 4.12 所示的布尔函数的积之和展开式。

解　该布尔函数的积之和展开式为：

$$\overline{x_1} \circ \overline{x_2} \circ \overline{x_3} + \overline{x_1} \circ x_2 \circ \overline{x_3} + x_1 \circ \overline{x_2} \circ \overline{x_3} + x_1 \circ x_2 \circ \overline{x_3}$$

接下来，一个布尔函数积之和展开式可通过布尔代数中的 10 个性质予以化简成一个布尔表达式。

例 4.60　请给出上例中积之和展开式的化简的布尔表达式。

$$\overline{x_1} \circ \overline{x_2} \circ \overline{x_3} + \overline{x_1} \circ x_2 \circ \overline{x_3} + x_1 \circ \overline{x_2} \circ \overline{x_3} + x_1 \circ x_2 \circ \overline{x_3}$$
$$= \overline{x_1} \circ \overline{x_3} + x_1 \circ \overline{x_3} \qquad\qquad\qquad （分配律、互补律）$$
$$= \overline{x_3} \qquad\qquad\qquad\qquad\qquad\qquad （分配律、互补律）$$

4.3.4　布尔代数应用

布尔代数是本教材所介绍的运算符号最多、应遵守运算规则最为复杂的代数系统，但是它在数学理论研究及实际应用中且很为广泛。下面做一简单介绍。

1. 数学理论研究

在数学理论研究中以本教材所讨论的内容为例有

(1)集合论中的集合代数（本教材 2.2 集合运算）即是一种布尔代数。

(2)命题逻辑中的逻辑代数（本教材 6.1.5 命题逻辑的等式推理）即是一种布尔代数。

2. 实际应用

在实际应用中特别是在计算机领域应用中的内容有

(1)数字逻辑电路（本教材 7.3 数字逻辑电路的离散建模）即是一种布尔代数。

(2)计算机系统的基本二进制结构——二进字代数（本章例 4.54）即是一种布尔代数。

小结

1. 代数系统

代数系统是由集合及其上运算并满足封闭性这三个基本条件所组成。并以运算为核心。

2. 代数系统中的常见性质

代数系统中有 9 个常见性质,以及三个特殊元素:单位元、零元、逆元。两个二元运算间的分配律、吸收律以及上界、下界、补元。

3. 同态

同态研究代数系统间的关系。它分为

- 同构:对 9 个性质的双向保持。
- 满同态:对 9 个性质的单向保持。
- 单同态:对子系统 $(g(y), *)$ 的 9 个性质单向保持。

4. 代数系统分类

(1)代数系统按类型与性质分类。

(2)三类代数系统。

- 群论——半群、群;
- 环论——环、域;
- 格论——格、布尔代数。

5. 群

(1)群的两个定义

- 代数系统满足结合律,有单位元,存在逆元;
- 代数系统满足结合律,群方程有唯一解。

(2)群的四个性质

- 满足消去律;
- 阶大于 1 的群无零元素;
- 除单位元外群无等幂元素;
- 群方程有唯一解。

(3)有限群

- 有限群两个定义;
- 群表的三个性质;
- 有限群与一个置换群同构。

(4)循环群

- 循环群定义:群中每个元素均是固定元素 a 的整数幂。
- 循环群与 $(\mathbf{Z}, +)$、$(\mathbf{Z}_m, +_m)$ 同构。

(5)子群

- 子群的两充分必要条件。

——封闭性条件且 $a \in H$ 则 $a^{-1} \in H$

$——a,b \in H$ 则 $a \circ b^{-1} \in H$

- 有限子群的充分必要条件——封闭性。
- 拉格朗日定理：$K = |G|/|H|$。

6. 布尔代数

(1)布尔代数定义之一：有补分配格。

(2)布尔代数定义之二：代数系统$(L,+,\circ,\neg)$满足交换律、分配律、同一律与互补律。

(3)有限布尔代数的性质：

- 有限布尔代数与$(\rho(S),\bigcap,\bigcup,\sim)$同构；
- 有限布尔代数的最小元素个数为 2 的整数幂；
- 有限布尔代数的最小元素个数为 2；
- 开关代数是最小的布尔代数；
- 具有 2^n 个元素的布尔代数必同构。

(4)子布尔代数。

- 布尔代数的子代数必为布尔代数；
- 任何布尔代数均含最小的子布尔代数——开关代数。

7. 本章内容重点

群。

习题

4.1　下面所述数的加、减、乘、除是否为集合上的二元运算：

(1)实数集 $\mathbf{R}$

(2)非 0 实数集：$\mathbf{R}^* = \mathbf{R} - \{0\}$

(3)正整数集 $\mathbf{Z}_+$

(4)奇整数集 $A = \{2n+1 \mid n \in \mathbf{Z}\}$

4.2　设 $S = \{x \mid x$ 为素数且 $x < 100\}$，在 S 上定义二元运算 $*$ 如下：

(1)$x * y = \max(x,y)$

(2)$x * y = \min(x,y)$

(3)$x * y = \mathrm{lcm}(x,y)$

(4)$x * y = \mathrm{gcm}(x,y)$

lcm 及 gcm 分别表示最大公约数及最小公倍数。试问这些$(S,*)$是否构成代数系统？

4.3　设 $B = \{a,b,c,d\}$ 上的二元运算定义如下表，设 $S_1 = \{b,d\}$，$S_2 = \{b,c\}$ 及 $S_3 = \{a,c,d\}$，试问$(S_1,*,\circ)$，$(S_2,*,\circ)$ 及 $(S_3,*,\circ)$是否为$(B,*,\circ)$的子代数？

$*$	a	b	c	d
a	a	b	c	d
b	b	b	d	d
c	c	d	c	d
d	d	d	d	d

$\circ$	a	b	c	d
a	a	a	b	a
b	a	b	a	b
c	a	b	c	d
d	a	b	c	d

4.4   设有集合 S 与二元运算 $*$，试证明下列 4 个中哪几个构成代数系统？

(1) $S=\mathbf{R}$，$a*b=ab$；   (2) $S=\{1,2,\cdots,8\}$，$a*b=\mathrm{lcm}(a,b)$；

(3) $S=\{1,-1,2,3,-3,4,5\}$，$a*b=|b|$；   (4) $S=\mathbf{Z}$，$a*b=|a-b|$。

4.5   在 $\mathbf{R}$ 上定义如下运算：(对 $x,y\in\mathbf{R}$)

$$x*y=x+y-xy$$

$$x\circ y=\frac{1}{2}(x+y)$$

$$x\cdot y=x+\frac{1}{2}y$$

(1) $x*y$ 是否满足结合律？交换律？是否有单位元、逆元？

(2) $x\circ y$ 是否满足结合律？交换律？是否有单位元、逆元？

(3) $x\cdot y$ 是否满足结合律？交换律？是否有单位元、逆元？

4.6   下表各运算均定义在实数集上，请问各种性质是否成立？请填上是或否。

运算	$+$	$-$	$\times$	max	min
结合律					
交换律					
单位元					

4.7   试证明两个代数系统 $(\{a,b,c,d\},*)$，$(\{\alpha,\beta,\gamma,\delta\},\circ)$ 是同构的。

$*$	a	b	c	d
a	d	a	b	d
b	d	b	c	d
c	a	d	c	c
d	a	b	a	a

$\circ$	α	β	γ	δ
α	β	β	β	δ
β	α	α	δ	β
γ	γ	β	γ	α
δ	α	α	γ	δ

4.8   设 $\mathbf{Q}^*=\mathbf{Q}-\{0\}$，试问 $(\mathbf{Q}^*,\times)$ 与 $(\mathbf{Q}^*,+)$ 同构吗？并说明之。

4.9   设有 $(\mathbf{R}^*,\times)$，下列映射是否为由 $\mathbf{R}^*$ 到 $\mathbf{R}^*$ 的同态，如是，说明其为同构、满同态及单同态中的哪一个，并计算同态像 $g(R^*)$。

(1) $g(x)=x^2$ (2) $g(x)=-x$

4.10   试证：若 $(G,*)$ 是可换群，则对任意 $a,b\in G$ 必有：$(a*b)^n=a^n*b^n$

4.11   下列代数系统 $(G,\circ)$ 请指出哪些是群？并给出其单位元及任一元素的逆元：

(1) $G=\{1,10\}$ $\circ$ 是按模 11 的乘法；

(2) $G=\{1,3,4,5,9\}$ $\circ$ 是按模 11 的乘法；

(3) $G=Q$ $\circ$ 通常加法；

(4) $G = Q$　　　　　　　　　　。通常乘法；

(5) $G = Z$　　　　　　　　　　。通常减法。

4.12　试证：若群的每个逆元素都是它自己，则该群必是可换群。

4.13　试证：阶为偶数的循环群中周期为 2 的元素个数一定是奇数。

4.14　设 $(G, *)$ 是阶为 6 的群，试证它至多有一个阶为 3 的真子群。

4.15　试证阶为素数的群必是循环群。

4.16　试找出 $(\mathbf{Z}_{12}, +_{12})$ 的所有子群

4.17　求 $(\mathbf{Z}_8 +_8)$ 中子群 $H = \{[0], [3]\}$ 的左陪集与右陪集并说明其左、右陪集是否相等？

4.18　设 $(\mathbf{R}, +, \circ)$ 是环，$a, b, c \in \mathbf{R}$，试证：

(1) 如 $a \circ b = b \circ a$，则 $a \circ (-b) = (-b) \circ a$；

(2) 如 $a \circ b = b \circ a$ 且 $a \circ c = c \circ a$，则 $a \circ (b + c) = (b + c) \circ a$ 及 $a \circ (b \circ c) = (b \circ c) \circ a$。

4.19　试化简下面的布尔代数公式：

(1) $a \circ b \circ c + a \circ b \circ \bar{c} + b \circ c + \bar{a} \circ b \circ c + \bar{a} \circ b \circ \bar{c}$；

(2) $\overline{a \circ b} + \overline{a + b}$。

4.20　试证明布尔代数中的等式：

(1) $(a + b) \circ \overline{a \circ b} = (\bar{a} \circ \bar{b}) + (a \circ \bar{b})$；

(2) $(a + b) \circ (c + \bar{b}) = (a \circ b) + (c \circ b)$。

第5章 图 论

图是建立和处理离散数学模型的一种重要工具。图论是一门应用性很强的学科。许多学科,诸如运筹学、控制论、化学、生物学、物理学、社会科学、计算机科学等,凡是研究事物之间关系的实际问题或理论问题,都可以建立图论模型来解决。图论模型是一种抽象结构模型,它在计算机科学与技术的发展中,如在计算机网络拓扑结构中、数据理论的数据结构中、编释系统的语法结构中,以及人工智能知识表示结构中都有重要的应用。

自从 1736 年欧拉(L. Euler)利用图论的思想解决了哥尼斯堡(Konigsberg)七桥问题以来,图论经历了漫长的发展道路。在很长一段时期内,图论被当成是数学家的智力游戏,用于解决一些著名的难题。如迷宫问题、匿门博奕问题、棋盘上马的路线问题、四色问题和哈密顿环球旅行问题等,曾经吸引了众多的学者。图论中许多的概论和定理的建立都与解决这些问题有关。

1847 年基尔霍夫(Kirchhoff)第一次把图论用于电路网络的拓扑分析,开创了图论面向实际应用的成功先例。此后,随着实际的需要和科学技术的发展,在半个多世纪内,图论得到了迅猛的发展,已经成为数学领域中最繁茂的分支学科之一。尤其在电子计算机问世后,图论的应用范围更加广泛,在解决运筹学、信息论、控制论、网络理论、博奕论、化学、社会科学、经济学、建筑学、心理学、语言学和计算机科学中的问题时,扮演着越来越重要的角色,受到工程界和数学界的特别重视,成为解决许多实际问题的基本工具之一。

通过本章学习读者能对图论有初步的了解,特别是对图论的一般原理、图的矩阵计算法以及一些常用图(尤其是树)有一定的认识。同时能掌握图论的研究方法。

5.1 图论的基本概念

5.1.1 图的定义

定义 5.1 无向图 G 是一个有序二元组$<V,E>$,记作 $G=<V,E>$,其中 V 是一个非空集合,V 中的元素称为结点或顶点;E 是无序偶笛卡儿乘积 $V\&V$ 的多重子集(元素可重复出现的集合),称 E 为 G 的边集,E 中的元素称为无向边或简称边。

在一个图 $G=<V,E>$ 中,为了表示 V 和 E 分别是图 G 的结点集和边集,常将 V 记成 $V(G)$,而将 E 记成 $E(G)$。

以上给出的是一个无向图的数学定义。它们可以用图形来表示,而这种图形有助于我们理解图的性质。在这种表示法中,每个结点用点来表示,每条边用线来表示,这样的线连接着代表该边端点的两个结点。例如 $G=<V,E>$,$V=\{v_1,v_2,v_3,v_4,v_5\}$,$E=\{(v_1,v_2),(v_2,v_2),(v_2,v_3),(v_1,v_3),(v_1,v_3),(v_3,v_4)\}$,$G$ 的图形如图 5.1 所示。

定义 5.2　有向图 G 是一个有序二元组 $<V,E>$,记作 $G=<V,E>$,其中 V 是一个非空的结点(或顶点)集;E 是笛卡儿积 $V\times V$ 的多重子集,其元素称为有向边,也简称边或弧。

对于一个有向图 G,一般也可画出图形来表示。例如 $G=<V,E>$,其中:$V=\{v_1,v_2,v_3,v_4\}$,$E=\{<v_1,v_1>,<v_1,v_2>,<v_2,v_3>,<v_3,v_2>,<v_2,v_4>,<v_3,v_4>\}$,$G$ 的图形为图 5.2。

图 5.1　无向图　　　　　　　　　　图 5.2　有向图

给图的结点标以名称,如图 5.1 中的 v_1,v_2,v_3,v_4,v_5,这样的图称为标定图。同时也可对边进行标定,如图 5.1 中 $e_1=(v_1,v_2)$,$e_2=(v_2,v_2)$,$e_3=(v_2,v_3)$,$e_4=(v_1,v_3)$,$e_5=(v_1,v_3)$,$e_6=(v_3,v_4)$。

当 $e=(u,v)$ 时,称 u 和 v 是 e 的端点(或顶点),并称 e 与 u 和 v 是关联的,而称结点 u 与 v 是邻接的。若两条边关联于同一个结点,则称两边是邻接的。无边关联的结点称为孤立点;若一条边关联的两个结点重合,则称此边为环或自回路。若 $u\neq v$,则称 e 与 u(或 v)关联的次数是 1;若 $u=v$,称 e 与 u 关联的次数是 2;若 u 不是 e 的端点,则称 e 与 u 的关联次数为 0(或称 e 与 u 不关联)。在图 5.1 中,$e_1=(v_1,v_2)$,v_1,v_2 是 e_1 的端点,e_1 与 v_1、v_2 的关联次数均为 1,v_5 是孤立点,e_2 是环,e_2 与 v_2 关联的次数为 2。

当 $e=<u,v>$ 是有向边时,又称 u 是 e 的始点,v 是 e 的终点。

如果图的结点集 V 和边集 E 都是有限集,则称图为有限图(Finite Graph),本书讨论的图都是有限图。只有结点没有边的图称为重图;仅有一个结点的图称为平凡图。

关联于同一对顶点的两条边称为平行边(若是有向边方向应相同),平行边的条数称为边的重数。有平行边的图称多重图,无平行边的无环图称简单图。在本章中一般讨论简单图。

有时,在一个图中边的旁侧可附加一些数字以刻画此边的某些数量或性质特征,叫作边的权,而此边称为有权边或带权边,具有有权边的图叫有权图,没有权边的图则叫无权图。下面的图 5.3 即是两个有权图。在本章中如不作特别说明我们一般仅讨论无权图。

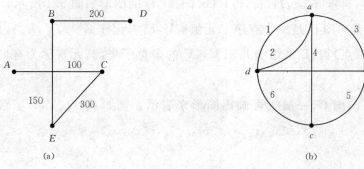

图 5.3　有权图

5.1.2　结点的度

定义 5.3　设 $G=<V,E>$ 为一无向图,$v\in V$,v 关联边的次数称为 v 的度数,简称度,记作 $d(v)$。

设 $G=<V,E>$ 为一有向图,$v\in V$,v 作为边的始点的次数,称为 v 的出度,记作 $d^+(v)$;v 作为边的终点的次数称为 v 的入度,记作 $d^-(v)$;v 作为边的端点的次数称为 v 的度数,简称度,记作 $d(v)$,显然 $d(v)=d^+(v)+d^-(v)$。

在图 5.1 中,$d(v_1)=3,d(v_2)=4,d(v_4)=1,d(v_5)=0$;

在图 5.2 中,$d^+(v_1)=2,d^-(v_1)=1,d^+(v_4)=0,d^-(v_4)=2,d^+(v_2)=d^-(v_2)=2$。

称度为 1 的结点为悬挂点,与悬挂点关联的边称为悬挂边。如图 5.1 中,v_4 是悬挂点,e_6 是悬挂边。

记 $\Delta(G)=\max\{d(v)\,|\,v\in V(G)\},\delta(G)=\min\{d(v)\,|\,v\in V(G)\}$,分别称为图 G 的最大度和最小度。若 $G=<V,E>$ 是有向图,除了 $\Delta(G),\delta(G)$,还有如下的定义:

最大出度 $\Delta^+(G)=\max\{d^+(v)\,|\,v\in V\}$;

最大入度 $\Delta^-(G)=\max\{d^-(v)\,|\,v\in V\}$;

最小出度 $\delta^+(G)=\min\{d^+(v)\,|\,v\in V\}$;

最小入度 $\delta^-(G)=\min\{d^-(v)\,|\,v\in V\}$。

图 5.2 中,$\Delta(G)=4,\delta(G)=2$,

$$\Delta^+(G)=2,\delta^+(G)=0,\Delta^-(G)=2,\delta^-(G)=1$$

在图 5.1 中 $\sum_{v \in V} d(v) = d(v_1) + d(v_2) + d(v_3) + d(v_4) + d(v_5) = 3 + 4 + 4 + 1 + 0 = 12$，而该图有 6 条边，即结点度数和是边数的 2 倍。事实上这是图的一般性质。

定理 5.1 （握手定理）设图 G 为具有结点集 $\{v_1, v_2, \cdots, v_n\}$ 的 (n, m) 图，则
$$\sum_{i=1}^{n} d(v_i) = 2m。$$

若 $d(v)$ 为奇数，则称 v 为奇点，若 $d(v)$ 为偶数，则称 v 为偶点。

推论 任一图中，奇点个数为偶数。

证明 设 $V_1 = \{v \mid v \text{为奇点}\}$，$V_2 = \{v \mid v \text{为偶点}\}$，则 $\sum_{v \in V_1} d(v) + \sum_{v \in V_2} d(v) = \sum_{v \in V} d(v) = 2m$，因为 $\sum_{v \in V_2} d(v)$ 是偶数，所以 $\sum_{v \in V_1} d(v)$ 也是偶数，而 V_1 中每个点 v 的度 $d(v)$ 均为奇数，因此 $|V_1|$ 为偶数。

对有向图，还有下面的定理。

定理 5.2 设有向图 $G = \langle V, E \rangle$，$v = \{v_1, v_2, \cdots, v_n\}$，$|E| = m$，则
$$\sum_{i=1}^{n} d^+(v_i) = \sum_{i=1}^{n} d^-(v_i) = m。$$

设 $v = \{v_1, v_2, \cdots, v_n\}$ 是图 G 的结点集，称 $d(v_1), d(v_2), \cdots, d(v_n)$ 为 G 的度序列。如图 5.1 的度序列为 $3, 4, 4, 1, 0$，图 5.2 的度序列是 $3, 4, 3, 2$。

例 5.1 （1）图 G 的度序列为 $2, 2, 3, 3, 4$，则边数 m 是多少？

（2）$3, 3, 2, 3; 5, 2, 3, 1, 4$ 能成为图的度序列吗？为什么？

（3）图 G 有 12 条边，度数为 3 的结点有 6 个，其余结点度均小于 3，问图 G 中至少有几个结点？

解 （1）由握手定理 $2m = \sum_{v \in V} d(v) = 2 + 2 + 3 + 3 + 4 = 14$，所以 $m = 7$。

（2）由于这两个序列中有奇数个是奇数，由握手定理推论知，它们都不能成为图的度序列。

（3）由握手定理 $\sum d(v) = 2m = 24$，度数为 3 的结点有 6 个占去 18 度，还有 6 度由其余结点占有，其余结点的度数可为 $0, 1, 2$，当均为 2 时所用结点数最少，所以应由 3 个结点占有这 6 度，即图 G 中至少有 9 个结点。

例 5.2 证明在 $n(n \geq 2)$ 个人的集体中，总有两个人在此团体中恰有相同个数的朋友。

解 以结点代表人，两人如果是朋友，则在代表他们的结点间连上一条边，这样可得无向简单图 G，每个人的朋友数即是图中代表他的结点的度数，于是问题转化为：n 阶无向简单图 G 必有两个结点的度数相同。

用反证法，设 G 中每个结点的度数均不相同，则度序列为 $0, 1, 2, \cdots, n-1$，说明图中

有孤立点,而图 G 是简单图,这与图中有 $n-1$ 度结点相矛盾。所以必有两个结点的度数相同。

5.1.3　完全图和补图

定义 5.4　设 $G=<V,E>$ 是无向图,若每一对结点之间都有边相连,则称 G 为完全图,具有 n 个结点完全图记作 K_n。

设 $G=<V,E>$ 为有向图,若每对结点间均有一对方向相反的边相连,则称 G 为(有向)完全图,具有 n 个结点的有向完全图记作 D_n。

例 5.3　图 5.4 给出几个完全图的例子。

由完全图的定义可知,无向完全图 K_n 的边数为 $|E(K_n)|=\dfrac{1}{2}n(n-1)$,而有向完全图的边数为 $|E(D_n)|=n(n-1)$。

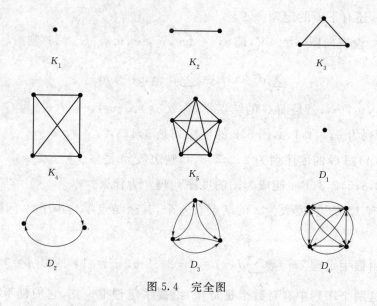

图 5.4　完全图

定义 5.5　设 G 为 n 阶无向图,从 n 阶完全图 K_n 中删去 G 的所有边后构成的图称为 G 的补图,记作 $\overline{G}$。类似地,可定义有向图的补图。

例 5.4　图 5.5 中 $\overline{G}$ 是 G 的补图。

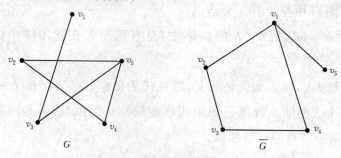

图 5.5　补图

由补图的定义,显然有如下的结论:

(1)G 与 $\overline{G}$ 互为补图,即 $\overline{\overline{G}}=G$;

(2)若 G 为 n 阶图,则 $E(G)\bigcup E(\overline{G})=E(K_n)$,且 $E(G)\bigcap$ $E(\overline{G})=\varnothing$。

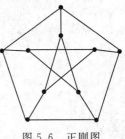

定义 5.6 各结点的度数均为 k 的无向图称为 k-正则图。

图 5.6 所示的图称为彼得森(Petersen)图,是 3-正则图。

图 5.6 正则图

5.1.4 子图与图的同构

定义 5.7 设 $G=<V,E>$,$G'=<V',E'>$ 是两个图。若 $V'\subseteq V$,且 $E'\subseteq E$,则称 G' 是 G 的**子图**。G 是 G' 的**母图**,记作 $G'\subseteq G$。

若 $V'\subset V$ 或 $E'\subset E$,则称 $\overline{G}$ 是 G 的**真子图**。

若 $V=V'$ 且 $E'\subseteq E$,则称 G' 是 G 的**生成子图**。

例 5.5 在图 5.7 中,G_1,G_2,G_3 均是 G 的真子图,其中 G_1 是 G 的生成子图 $G[E_3]$。

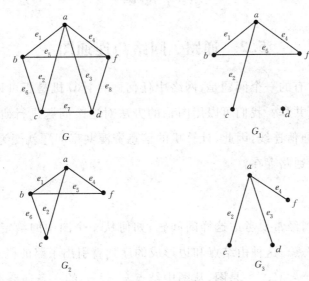

图 5.7 子图

由于在画图的图形时,结点的位置和边的几何形状是无关紧要的,因此表面上完全不同的图形可能表示的是同一个图。为了判断不同图形是否表示同一个图形,在此我们给出图的同构的概念。

定义 5.8 设有两个图 $G=<V,E>$,$G_1=<V_1,E_1>$,如果存在双射 $h:V\rightarrow V_1$,使得 $(u,v)\in E$ 当且仅当 $(f(u),f(v))\in E_1$(或者 $<u,v>\in E$ 当且仅当 $<f(u),f(v)>\in E_1$),则称图 G 与 G_1 **同构**,记作 $G\cong G_1$。

例 5.6 图 5.8 中,$G_1\cong G_2$ 其中 $f:V_1\rightarrow V_2$,$f(v_i)=u_i(i=1,2,\cdots,6)$;$G_3\cong G_4$,其中 $h:V_3\rightarrow V_4$,$h(v_1)=u_3$,$h(v_2)=u_4$,$h(v_3)=u_1$,$h(v_4)=u_2$。

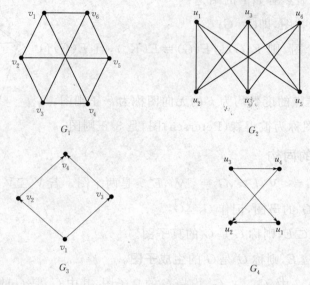

图 5.8 图同构

5.2 通路、回路与连通图

计算机网络中常有的一个问题是,网络中任何两台计算机是否可以通过计算机间的信息传递而使其资源共享? 我们可以用图论的方法对这个问题进行研究,其中用结点表示计算机,用边表示通信连线,因此,计算机的信息资源共享问题就变为:图中任何两个结点之间是否都有连接通路存在?

5.2.1 通路

在图论的研究中,经常要考虑这样的问题,如何从一个图中的给定结点出发,沿着一些边移动到另一个结点。这种由结点和边形成的序列就引出了路的概念。

定义 5.9 设 $G = \langle V, E \rangle$ 是图,从图中结点 v_0 到 v_n 的一条**通路**或**路径**是图的一个点、边的交错序列 $(v_0 e_1 v_1 e_2 v_2 \cdots v_{n-1} e_n v_n)$,其中 $e_i = (v_{i-1}, v_i)$(或者 $e_i = \langle v_{i-1}, v_i \rangle$)($i = 1, 2, \cdots, n$),$v_0, v_n$ 分别称为通路的**起点**和**终点**,而称 $v_1, v_2, \cdots, v_{n-1}$ 为**内点**,通路中包含的边数 n 称为通路的**长度**,当起点和终点重合时则称其为**回路**。

若通路的边 $e_1, e_2, \cdots, e_n$ 互不相同,则称其为**链**;如果一条链满足 $v_0 = v_n$,则称其为**闭链**。

如果一条通路中结点 $v_0, v_1, v_2, \cdots, v_n$ 互不相同,则称其为**道路**,简称**路**。

如果一条回路的起点和内部结点互不相同,则称其为**圈**。一般地称长度为 k 的圈为 k **圈**,并称长度为奇数的圈为**奇圈**,长度为偶数的圈为**偶圈**。

例 5.7 在图 5.9 中:

(1) $p_1 = v_1 e_4 v_5 e_5 v_4 e_6 v_1 e_1 v_2$ 是一条通路,也是一条链。

(2) $p_2 = v_4 e_7 v_2 e_2 v_2 e_3 v_3 e_8 v_4$ 是一回路,也是一闭链。

(3) $p_3 = v_4 e_6 v_1 e_1 v_2 e_3 v_3$ 是一条路。

(4) $p_4 = v_4 e_6 v_1 e_1 v_2 e_3 v_3 e_8 v_4$ 是一圈。

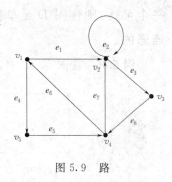

图 5.9　路

在不引起混淆的情况下,通路有时也可用边的序列或结点的序列来表示,如上例中的 p_3、p_4 可记为 $(v_4 v_1 v_2 v_3)$,和 $(v_4 v_1 v_2 v_3 v_4)$。特别地,单独一个结点也是一个通路,其长度为 0。另外,由平行边 e_1 和 e_2 构成的通路 $u e_1 v e_2 u$ 及由一个环构成的通路 ueu 均是回路。

定理 5.3　在一个 n 阶图 $G = <V, E>$ 中,如果从结点 v_i 到 $v_j (v_i \neq v_j)$ 存在一条通路,则从 v_i 到 v_j 存在一条长度不大于 $n-1$ 的路。

证明　假定从 v_i 到 v_j 存在一条通路 $(v_i, \cdots, v_k, \cdots, v_j)$,如果其中有相同的结点 v_e,例如 $(v_i, \cdots, v_k, \cdots, v_e, \cdots, v_e, \cdots, v_j)$,删去 v_e 到 v_e 的那些边,它仍是从 v_i 到 v_j 的通路,如此反复进行直到 $(v_i, \cdots, v_k, \cdots, v_j)$ 中没有重复结点为止。此时所得就是一条从 v_i 到 v_j 的路。路的长度比所经结点数少 1,图中共 n 个结点,故路的长度不超过 $n-1$。

定理 5.4　在一个 n 阶图 $G = <V, E>$ 中,如果存在一经过 v_1 的回路,则存在一经过 v_1 的长度不超过 n 的圈。

定义 5.10　在图 $G = <V, E>$ 中,从结点 v_i 到 v_j 的最短通路(一定是路)称为 v_i 与 v_j 间的**短程线**,短程线的长度称 v_i 到 v_j 的**距离**,记作 $d(v_i, v_j)$。若从 v_i 到 v_j 不存在通路,则记 $d(v_i, v_j) = \infty$。

注意,在有向图中,$d(v_i, v_j)$ 不一定等于 $d(v_j, v_i)$,但一般地有如下性质:

(1) $d(v_i, v_j) \geq 0$;

(2) $d(v_i, v_i) = 0$;

(3) $d(v_i, v_j) + d(v_j, v_k) \geq d(v_i, v_k)$。

5.2.2　图的连通性

图的连通性分为无向图的连通性和有向图的连通性。

定义 5.11　在无向图 G 中,若存在从结点 v_i 到 v_j 的通路(当然也存在从 v_j 到 v_i 的通路),则称 v_i 与 v_j 是**连通的**,也可称 v_i 到 v_j 是可达的(当然也称从 v_j 到 v_i 是可达的)。

在一个有向图 D 中,若存在从结点 v_i 到 v_j 的通路,则称从 v_i 到 v_j 是**可达的**。

定义 5.12　若无向图 G 中任意两结点都是连通的,则称图 G 是**连通的**。

定义 5.13　设 D 是一有向图,若略去 D 中各有向边的方向后所得无向图 G 是连通的,则称 D 是**弱连通的**。如果 D 中任意两点 v_i, v_j 之间,v_i 到 v_j 或 v_j 到 v_i 至少有一个可达,则称图 D 是**单向连通的**。如果 D 中任意两结点都互相可达,则称 D 是**强连通的**。

例 5.8 在图 5.10 中,G_1 是弱连通的,G_2 是单向连通的,G_3 是强连通的。

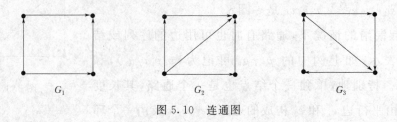

图 5.10 连通图

注意,强连通一定是单向连通图,单向连通一定是弱连通图。但反之不真。

5.3 图的矩阵表示

由图的数学定义可知,一个图可以用集合来描述;从前面的例子可以看出,图也可以用图形表示,这种图形表示直观明了,在较简单的情况下有其优越性。但对于较为复杂的图,这种表示法显示了它的局限性。所以对于结点较多的图常用矩阵来表示,这样便于用代数研究图的性质,同时也便于计算机计算。

5.3.1 无向图的关联矩阵

定义 5.14 设无向图 $G=<V,E>$,$V=\{v_1,v_2,\cdots,v_n\}$,$E=\{e_1,e_2,\cdots,e_m\}$,令

$$m_{ij}=\begin{cases}0,\text{若 }v_i\text{ 与 }e_j\text{ 关联}\\1,\text{若 }v_i\text{ 是 }e_j\text{ 的端}\\2,\text{若 }e_j\text{ 是关联 }v_i\text{ 的一个环}\end{cases}$$

则称 $(m_{ij})_{n\times m}$ 为 G 的**关联矩阵**,记作 $M(G)$。

例 5.9 图 5.11 中的图 G 的关联矩阵是

$$M(G)=\begin{bmatrix}1&1&1&1&0&0\\1&1&0&0&0&0\\0&0&1&0&2&1\\0&0&0&1&0&1\\0&0&0&0&0&0\end{bmatrix}$$

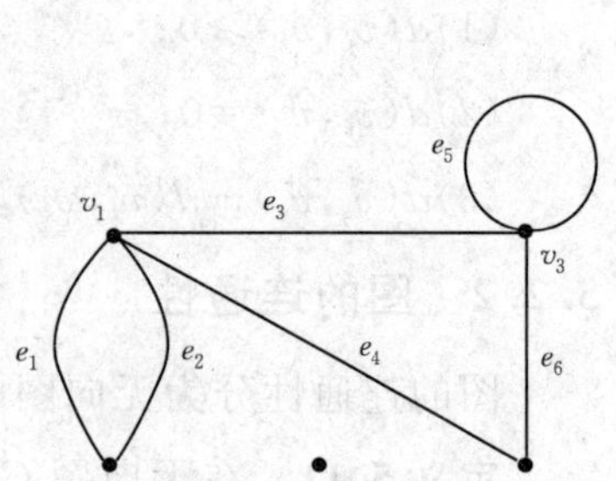

图 5.11 例 5.9 的图矩阵

无向图关联矩阵有下列性质:

(1) $\sum_{i=1}^{n}m_{ij}=2(j=1,2,\cdots,m)$,即 $M(G)$ 每列元素的和为 2,因为每边恰有两个端点(若为简单图则每列恰有两个 1)。

(2) $\sum_{j=1}^{m}m_{ij}=d(v_i)$(第 i 行元素之和为 v_i 的度)。

(3) $\sum\limits_{j=1}^{m} m_{ij} = 0$ 当且仅当 v_i 为孤立点。

(4)若第 j 列与第 k 列相同,则说明 e_j 与 e_k 为平行边。

如果图是简单图,则关联矩阵是 0-1 矩阵。

5.3.2 无环有向图的关联矩阵

设 $G=<V,E>$ 是无环有向图,$V=\{v_1,v_2,\cdots,v_n\}$,$E=\{e_1,e_2,\cdots,e_m\}$,令

$$m_{ij}=\begin{cases} 1, & v_i \text{ 为 } e_j \text{ 的起点} \\ 0, & v_i \text{ 与 } e_j \text{ 不关联} \\ -1, & v_i \text{ 为 } e_j \text{ 的终点} \end{cases}$$

则称 $(m_{ij})_{n\times m}$ 为 G 的关联矩阵,记作 $\boldsymbol{M}(G)$。

例 5.10 图 5.12 所示的图 G 的关联矩阵是 $\boldsymbol{M}(G)$:

$$\boldsymbol{M}(G)=\begin{pmatrix} -1 & 1 & 0 & 0 & 0 \\ 1 & 0 & 1 & -1 & 0 \\ 0 & -1 & -1 & 1 & 1 \\ 0 & 0 & 0 & 0 & -1 \end{pmatrix}$$

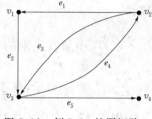

图 5.12 例 5.10 的图矩阵

无环有向图 $\boldsymbol{M}(G)$ 有如下性质:

(1) $\sum\limits_{i=1}^{n} m_{ij} = 0$,$j=1,2,\cdots,m$;

(2)每行中 1 的个数是该点的出度,-1 的个数是该点的入度。

5.3.3 有向图的邻接矩阵

定义 5.15 设 $G=<V,E>$ 是有向图,$V=\{v_1,v_2,\cdots,v_n\}$,令

$$a_{ij}=\begin{cases} 1, \text{如果} <v_i,v_j>\in E \\ 0, \text{如果} <v_i,v_j>\notin E \end{cases}$$

这时构成矩阵:$(a_{ij})_{n\times n}$[也可记为 $(a_{ij}^{(1)})_{n\times n}$]称为图 G 的邻接矩阵,记作 $\boldsymbol{A}(G)$,简记 $\boldsymbol{A}$。

例 5.11 图 5.13 所示图 G 的邻接矩阵 $\boldsymbol{A}$ 是:

$$\boldsymbol{A}=\begin{pmatrix} 1 & 0 & 1 & 0 \\ 0 & 0 & 1 & 0 \\ 0 & 1 & 0 & 1 \\ 0 & 0 & 1 & 0 \end{pmatrix}$$

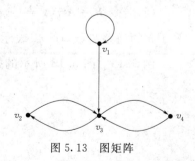

图 5.13 图矩阵

有向图的邻接矩阵有如下性质:

(1) $\sum\limits_{j=1}^{n} a_{ij}^{(1)} = d^+(v_i)$ (第 i 行元素的和为 v_i 的出度),因此

$$\sum_{i=1}^{n} \sum_{j=1}^{n} a_{ij}^{(1)} = \sum_{i=1}^{n} d^{+}(v_i) = m$$

(2) $\sum\limits_{i=1}^{n} a_{ij}^{(1)} = d^{-}(v_j)$（第 j 列元素的和为 v_j 的入度），因此

$$\sum_{j=1}^{n} \sum_{i=1}^{n} a_{ij}^{(1)} = \sum_{j=1}^{n} d^{-}(v_j) = m$$

(3) A 中所有元素的和是 G 中长度为 1 的通路的数目，而 $\sum\limits_{i=1}^{n} a_{ii}^{(1)}$ 为 G 中长度为 1 的回路（环）的数目。

下面考察 A^l 的元素的意义，这里 $A^l = (a_{ij}^{(l)})_{n \times n} (l \geqslant 2)$，其中 $a_{ij}^{(l)} = \sum\limits_{k} a_{ik}^{(l-1)} \cdot a_{kj}^{(1)}$，则：

(4) $a_{ij}^{(l)}$ 为结点 v_i 到 v_j 长度为 l 的通路的数目，$a_{ii}^{(l)}$ 为始于（终于）v_i 长度为 l 的回路的数目。

(5) A^l 中所有元素的和 $\sum\limits_{i=1}^{n} \sum\limits_{j=1}^{n} a_{ij}^{(l)}$ 为 G 中长为 l 的通路的总数，而 A^l 对角线上元素之和 $\sum\limits_{i=1}^{n} a_{ii}^{(l)}$ 为 G 始于（终于）各结点的长为 l 的回路总数。

例 5.12　在图 5.13 中计算 A^2, A^3, A^4 可得：

$$A^2 = \begin{pmatrix} 1 & 1 & 1 & 1 \\ 0 & 1 & 0 & 1 \\ 0 & 0 & 2 & 0 \\ 0 & 1 & 0 & 1 \end{pmatrix} \quad A^3 = \begin{pmatrix} 1 & 1 & 3 & 1 \\ 0 & 0 & 2 & 0 \\ 0 & 2 & 0 & 2 \\ 0 & 0 & 2 & 0 \end{pmatrix} \quad A^4 = \begin{pmatrix} 1 & 3 & 3 & 3 \\ 0 & 2 & 0 & 2 \\ 0 & 0 & 4 & 0 \\ 0 & 2 & 0 & 2 \end{pmatrix}$$

由以上各矩阵得，$a_{13}^{(2)} = 1, a_{13}^{(3)} = 3, a_{13}^{(4)} = 3$，即 G 中 v_1 到 v_3 长为 2,3,4 的通路分别为 1 条、3 条、3 条。而 $a_{11}^{(2)} = a_{11}^{(3)} = a_{11}^{(4)} = 1$，则 G 中以 v_1 为起点（终点）的长为 2,3,4 的回路各有一条。由于 $\sum\limits_{i=1}^{n} \sum\limits_{j=1}^{n} a_{ij}^{(2)} = 10$，所以 G 中长度为 2 的通路总数为 10，其中长为 2 的回路总数为 5。

(6) 若令 $B_r = A + A^2 + \cdots + A^r = (b_{ij}^{(r)}) (r \geqslant 1)$，则 $b_{ij}^{(r)}$ 表示从结点 v_1 到 v_j 长度小于或等于 r 的通路总数，而 $b_{ii}^{(r)}$ 表示以 v_1 为起点（终点）长度小于或等于 r 的回路总数。

例 5.13　图 5.13 所示的矩阵为

$$B_4 = \begin{pmatrix} 4 & 5 & 8 & 5 \\ 0 & 3 & 3 & 3 \\ 0 & 3 & 6 & 3 \\ 0 & 3 & 3 & 3 \end{pmatrix}$$

5.3.4　无向图的邻接矩阵

对无向图可类似地定义邻接矩阵，有向图邻接矩阵的结论，可同样用到无向图上。

定义 5.16　设 $G = \langle V, E \rangle$ 是无向图，$V = \{v_1, v_2, \cdots, v_n\}$，令

$$a_{ij} = \begin{cases} 1, & (v_i, v_j) \in E \\ 0, & (v_i, v_j) \notin E \end{cases}$$

称 $(a_{ij})_{n \times n}$ 为 G 的邻接矩阵,记作 $A(G)$,简记 A。

例 5.14 图 5.14 所示的邻接矩阵为

$$A = \begin{pmatrix} 0 & 1 & 1 & 1 & 0 \\ 1 & 0 & 0 & 0 & 0 \\ 1 & 0 & 0 & 1 & 0 \\ 1 & 0 & 1 & 0 & 0 \\ 0 & 0 & 0 & 0 & 0 \end{pmatrix}$$

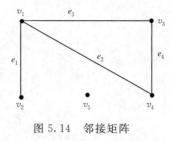

图 5.14 邻接矩阵

无向图的邻接矩阵与有向图的邻接矩阵的不同之处在于它是对称的,且矩阵的每行(每列)的元素的和等于对应结点的度,其他性质都是类似的,这里就不再重复。

5.3.5 有向图的可达矩阵

定义 5.17 设 $G = <V, E>$ 是有向图,$V = \{v_1, v_2, \cdots, v_n\}$,令

$$p_{ij} = \begin{cases} 1, & v_i \text{ 可达 } v_j \\ 0, & \text{否则} \end{cases} (i \neq j), p_{ii} = 1, i = 1, 2, \cdots, n$$

则称 $(p_{ij})_{n \times n}$ 为 G 的**可达矩阵**,记作 $P(G)$,简记 P。

可以很容易地得出矩阵 $B_n = (b_{ij})_{n \times n}$。

$$B_n = A + A^2 + A^3 + \cdots + A^n$$

其中,b_{ij} 给出了从 b_i 到 b_j 的所有长度为 $1 \sim n$ 的通路数目之和。由于在讨论可达性时我们所感兴趣的仅仅是从 b_i 到 b_j 是否有通路相联而并不关心通路的数量,故可对矩阵 B_n 进行改造,设置一矩阵:

$$P = (p_{ij})_{n \times n}$$

当 $b_{ij} = 0$ 时则令 $p_{ij} = 0$,当 $b_{ij} \neq 0$ 时则令 $p_{ij} = 1$,这个矩阵 P 反映了图 G 的各结点间的可达性,故叫 G 的可达矩阵。

例 5.15 求图 $G = <V, E>$ 的可达矩阵,其中:

$V = \{v_1, v_2, v_3, v_4\}$

$E = \{<v_1, v_2>, <v_2, v_3>, <v_2, v_4>, <v_3, v_2>, <v_3, v_4>, <v_3, v_1>, <v_4, v_1>\}$

解 图 G 的图形可见图 5.15,其邻接矩阵为:

$$A = \begin{pmatrix} 0 & 1 & 0 & 0 \\ 0 & 0 & 1 & 1 \\ 1 & 1 & 0 & 1 \\ 1 & 0 & 0 & 0 \end{pmatrix}$$

图 5.15 可达矩阵例图

我们可以得到：

$$\boldsymbol{A}^2=\begin{pmatrix}0&0&1&1\\2&1&0&1\\1&1&1&1\\0&1&0&0\end{pmatrix}\quad\boldsymbol{A}^3=\begin{pmatrix}2&1&0&1\\1&2&1&1\\2&2&1&2\\0&0&1&1\end{pmatrix}\quad\boldsymbol{A}^4=\begin{pmatrix}1&2&1&1\\2&2&2&3\\3&3&2&3\\2&1&0&1\end{pmatrix}$$

故：

$$\boldsymbol{B}_4=\begin{pmatrix}3&4&2&3\\5&5&4&6\\7&7&4&7\\3&2&1&2\end{pmatrix}\quad\boldsymbol{P}=\begin{pmatrix}1&1&1&1\\1&1&1&1\\1&1&1&1\\1&1&1&1\end{pmatrix}$$

但是，由 R_n 而得到可达矩阵的计算方法比较复杂，这主要是由于 R_n 的计算比较复杂所致。

有向图可达矩阵有如下性质：

(1)有向图为强连通的充分必要条件是图的可达矩阵除对角线元素外所有元素均为 1.

(2)有向图有回路的充分必要条件是图的可达矩阵对角线元素均为 0。

例 5.16　由图 5.15 的可达矩阵可以看出：图 G 是强连通的，并且每个结点均有回路通过。

5.3.6　无向图的可达矩阵

可用有向图的类似方法定义无向图的可达矩阵。即在有向图中从 v_i 到 v_j 可达，在无向图中则表示从 v_i 到 v_j 可达，同时从 v_j 到 v_i 也可达。

例 5.17　图 5.16 所示的无向图 G 的可达矩阵 $\boldsymbol{P}$ 为

$$\boldsymbol{P}=\begin{pmatrix}0&1&1&1\\1&0&1&1\\1&1&0&1\\1&1&1&0\end{pmatrix}$$

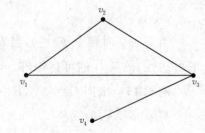

图 5.16　无向图之例图

无向图的可达矩阵可有如下性质：

(1)无向图可达矩阵是对称矩阵；

(2)无向图为连通图的充分必要条件是图的可达矩阵除对角线元素外所有元素均为 1；

(3)无向图无回路的充分必要条件是图的可达矩阵对角线元素均为 0。

例 5.18　由图 5.16 所示的可达矩阵可知该图是连通的且有回路，回路之处在 v_1，v_2，v_3。

5.4 树

5.4.1 树的概念

树是在实际问题中,尤其是计算机科学中广泛使用的一类图。树具有简单的形式和良好的性质,可以从各个不同角度去描述它。

定义 5.18 连通且不含回路的图称为树。

例 5.19 在图 5.17 中,图 5.17(a)是树,因为它连通又不包含回路,但图 5.17(b)、图 5.17(c)不是树,因为图 5.17(b)虽连通但有回路,图 5.17(c)虽无回路但不连通。

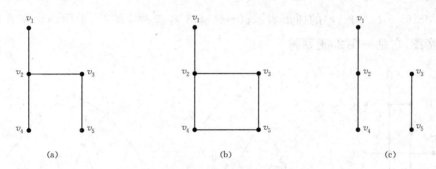

图 5.17 树与非树的例图

树中度为 1 的结点称为叶,度大于 1 的结点称为枝点或内点。

树有一些特性,它们可以用下面若干个定理刻画之。

定理 5.5 在 (n,m) 树中必有 $m=n-1$。

证明 用数学归纳法对 n 进行归纳。

$n=1$ 时定理成立。

设对所有 $i(i<n)$ 定理成立,需求证在 $i=n$ 时有 $m=n-1$。

设有 (n,m) 树,由于其不包含任何回路,故从树中删去一边后就变成两个互不连通的子图,而其每个子图则是连通的,故其每个子图均为树,设它们分别是 (n_1,m_1) 树及 (n_2,m_2) 树,由于 $n_1<n,n_2<n$,故由归纳假设可得:

$$m_1=n_1-1, \quad m_2=n_2-1,$$

又因为:

$$n=n_1+n_2, \quad m=m_1+m_2+1。$$

故我们得到 $m=n-1$。

定理 5.6 树是最小连通图、最大无回路图,即在树中增加一条边,得到并仅得到一条回路,树删去一条边就不再连通。

证明 略。

定理 5.7　图 G 是树，的充分必要条件是图 G 的每对结点间只有一条通路。

证明　必要性：因为图 G 是树，故每对结点间均有通路，若有结点 v_i 与 v_j 间有两条通路，则此两条通路必构成一条回路，而这与树的定义矛盾。

充分性：图 G 的每对结点间存在通路，故 G 是连通的，又由于通路的唯一性，故知图中不包含回路，由此可知 G 是树。

可利用这个定理对树用另一个方式定义如下：

定义 5.19　图 G 的每对结点间只有一条通路称为树。

下面给出树的若干应用表示。

例 5.20　图 5.18 中(a)是 2-甲基丙烷(C_4H_{10})的分子结构图，它是一棵树；(b)图是表达式 $((a*b+(c+d)/f)-r)$ 的树形表示；(c)是有 8 名选手参加的、采用淘汰制方式的羽毛球单打比赛图，它是一棵 2-正则树。

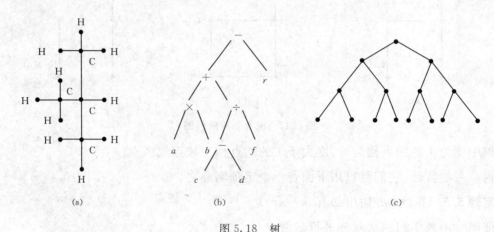

图 5.18　树

5.4.2　生成树及其应用

定义 5.20　若连通图 G 的生成子图是一棵树，则称这棵树为 G 的生成树。

若 T 是 G 的生成树，称 T 中的边是树枝，不在 T 中的边称为补树边，称 $G-T$ 为补树。

例 5.21　图 5.19 中由边集 $\{e_2, e_3, e_5, e_6, e_8, e_{10}\}$ 所组成的子图是一棵生成树(用粗线表示)。其余的边是补树边。

定理 5.8　每个连通图都含有生成树。

证明　设 G 是连通图，若 G 不含回路，则 G 就是一棵生成树。若 G 含有回路，设去掉回路中的任何一边后，所得之图为 G_1，则 G_1 仍是连通的。若 G_1 无回路，则 G_1 是 G 的生成树；若 G_1 仍含回路，则重复上述去边步骤，最终可以得到一个连通而无回路的子图，即是 G 的生成树。

推论　每个 n 阶连通图，其边数 $m \geqslant n-1$。

下面介绍生成树的算法与应用。

1. 生成树

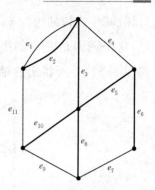

图 5.19 生成树

算法 5.1 生成树的寻找算法。

由一个连通图 G 寻找它的生成树的算法如下：

(1)G 是否有回路，若无回路则 G 就是生成树，转向(3)；若有回路则转(2)。

(2)删除回路中一条边得新图 G，转向(1)。

(3)算法结束，所得的图即为生成树。

例 5.22 在图 5.20(a)中给出了一个连通图，求此图的生成树。

解 求图 5.20(a)的生成树过程可用图 5.20(b)～图 5.20(e)表示。

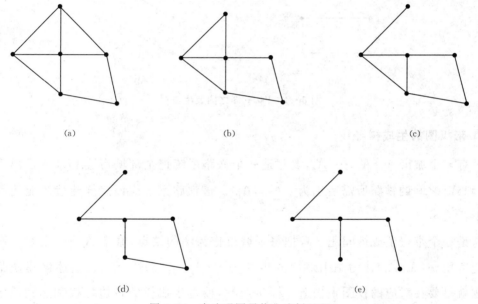

图 5.20 由连通图寻找生成树过程

如果连通图 G 是一个 (n,m) 图，则我们可知 T_G 是一个 $(n,n-1)$ 图，故由 G 求得 T_G 必须删除的边数为 $m-(n-1)=m-n+1$，这个数称为 G 的基本回路的秩。这样，G 的基本回路的秩是为了打断它的所有基本回路，必须从 G 中删除的最小边数，每一条被删除的边数叫作 G 的弦。由此可知，一个连通图 G 的生成树不是唯一的。

寻找一个连通图的生成树是很有实用价值的，我们以下面的例子说明：

例 5.23 设有六个城市 $v_1,v_2,\cdots,v_6$，它们间有输油管连通，其布置图如图 5.21(a)所示，为了保卫油管不受破坏，在每段油管间须派一连士兵看守，为保证正常供应最少需要多少连士兵看守？他们应驻于哪些油管处？

解 此问题即为寻找图 5.21(a)的生成树问题，首先由图我们可知此图中 $n=6,m=$

11,故其生成树的边为5,亦即至少须五连士兵看守,其看守地段可见图5.21(b)所画出的线段,这个图即是图 G 的生成树,当然,这种生成树不是唯一的,它也可以是如图5.21(c)、或图5.21(d)所指出的油管处,它们都是图 G 的生成树。

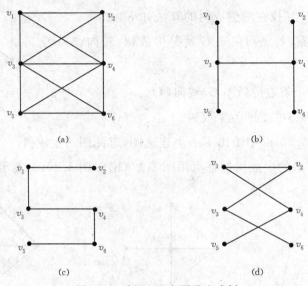

图 5.21　例 5.23 之图及生成树

2. 带权图的生成树寻找

设有 n 个城市 $A_1, A_2, \cdots, A_n$,要建造一个铁路系统把全部城市连起来。已知建造城市 A_i 和 A_j 之间的铁路所需费用为 $w(A_i, A_j)$。该铁路系统应该怎样建造才能使得总费用最少?

这是一个带权生成树问题。若把每个城市作为图的结点,城市 A_i, A_j 之间的铁路及其修造费用 $w(A_i, A_j)$ 作为图中对应的带权为 $w(A_i, A_j)$ 的边,那么,上述修建铁路系统的问题就是要在对应的权图中构造一棵生成树,使得生成树的各边之权和达到最小。这就是所谓求最小生成树的问题,它是用图论方法解决实际问题的手段之一。下面介绍求 n 阶带权连通图 $G = (V, E)$ 的最小生成树的一个算法。

算法 5.2　Kruskal 算法。

(1)选取 G 中权最小的一条边,设为 e_1。令 $S \leftarrow \{e_1\}, i \leftarrow 1$。

(2)若 $i = n - 1$,输出 $G(S)$,算法结束。

(3)设已选边构成集合 $S = \{e_1, e_2, \cdots, e_i\}$。从 $E - S$ 中选边 e_{i+1},使其满足条件:

① $G(S \cup \{e_{i+1}\})$ 不含回路;

②在 $E - S$ 的所有满足条件①的边中,e_{i+1} 有最小的权。

(4) $S \leftarrow S \cup \{e_{i+1}\}, i \leftarrow i + 1$,转(2)。

例 5.24　图 5.22 中按 Kruskal 算法产生的最小树 T 为粗线边表示的子图。选边的

顺序为 $v_1v_2, v_1v_3, v_3v_6, v_4v_6, v_5v_6$。

T 的权为 $W(T)=0.5+1+1.5+2.5+3.5=9$。

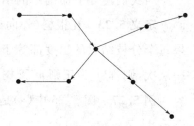

定理 5.9 由 Kurskal 算法产生的子图 $G(S)$ 是 n 阶连通图 $G=(V,E)$ 的最小生成树。

在 Kruskal 算法中,也可以先将图 G 的边按权的递减顺序排成一个序列。在每考查一条边后,就从序列中去掉它。这样,步骤(1)和(3)都可以得到简化。

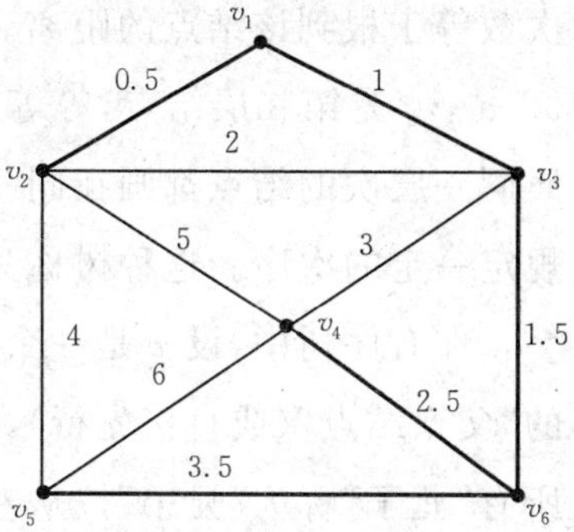

图 5.22 生成树

5.4.3 根树及其应用

1. 根树

定义 5.21 若一个有向图 G 如不考虑边的方向而构成树,则称 G 为有向树。

例 5.25 图 5.23 是一棵有向树。

定义 5.22 设 T 是一棵有向树。若 T 恰有一个入度为 0 的结点 v,其余结点的入度皆为 1,则称 T 是以 v 为根的外向树。外向树中出度为 0 的结点称为叶,出度不为 0 的点称为分枝点。

图 5.23 有向树

同样可以定义内向树。一个内向树 T 恰有一个出度为 0 的结点,其余结点出度皆为 1。在内向树中,出度为 0 的结点称为根,入度为 0 的结点称为叶,入度不为 0 的结点称为分枝。

例 5.26 图 5.24 中(a)是外向树,(b)是内向树,v_0 是根。

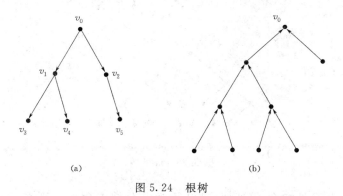

(a)   (b)

图 5.24 根树

外向树的实际例子是一个单位的组织结构图,其中以结点表示各级职务,边表示直属领导关系;内向树可以用体育比赛图来说明,其中叶点表示参赛运动员,分枝点表示各级的获胜者,若 (u,v) 和 (w,v) 是边,表示由 u 和 w 产生胜者 v。显然,外向树与内向树具有互逆关系。在实际中用得最多的是外向树,下面将主要用外向树来说明根树。

在根树的图形表示中,各结点的顺序、边的方向都有一定的安排。一个结点所在的层次数等于根到该结点的距离。例如,图 5.24(a)中 v_0 是第 0 层结点,v_1,v_2 是第一层结点,v_3,v_4,v_5 是第二层结点,等等。按照层次顺序,一般地把根结点画在最上面,边指向下方。属同一层次的结点都画在同一水平线上。进一步,可以在每层的结点之间和各条边之间规定一定的次序。这种树称为**有序树**。

在有序树中,设 v 是一个分枝点,(v,u),(v,w) 是 v 关联的两条边,则称 v 是 u 和 w 的"父亲结点"(或直接先行),u 和 w 是 v 的"儿子结点"(或直接后继)。同一个分枝点的所有"儿子"称为"兄弟"按从左到右定"长幼"顺序。若从 v 可达结点 t,则称 v 是 t 的"祖先"(或先行),t 是 v 的"后裔"(或后继)。在有序树中,这些术语的实际背景就是家谱图,一个家族的繁衍情况正好可以用有序树表示出来。例如在图 5.24(a)中 v_1 是 v_3 和 v_4 的父亲,v_3 是 v_4 的兄长,v_0 是 v_1,v_2,v_3 的祖先,v_5 是 v_0 的后裔,等等。

当我们遵守上面确定的结点顺序规则时,在画根树时也可以略去方向。

定义 5.23 在根树(外向树)T 中,若任何结点的出度最多为 m,则称 T 为 **m 叉树**;如果每个分枝结点的出度都等于 m,则称 T 为**完全 m 叉树**;进一步,若 T 的全部叶点位于同一层次,则称 T 为**正则 m 叉树**。

例 5.27 图 5.25 中(a)是四叉树,(b)是完全三叉树,(c)是正则二叉树。

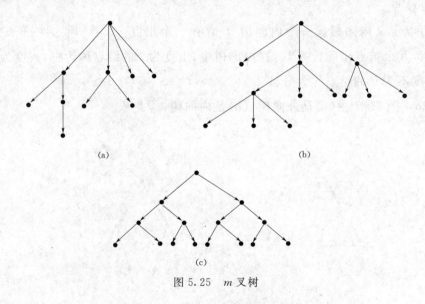

图 5.25 m 叉树

定理 5.10 若 T 是完全 m 叉树,其叶数为 t,分枝点数为 i,则有 $(m-1)i=t-1$。

证明 在分枝点中,除根的度数为 m 外,其余各分枝结点的度皆为 $m+1$。各叶点的度为 1,总边数为 mi,由图论基本定理得到:$2mi=m+(m+1)(i-1)+t$,即 $(m-1)i=t-1$。

这个定理实质上可以用每局有 m 个选手参加的单淘汰制比赛来说明。t 个叶表示 t 个参赛的选手,i 则表示必须安排总的比赛局数。每一局由 m 个参赛者中产生一个优胜者,最后决出一个冠军。

例 5.28 设有 28 盏电灯,拟公用一个电源插座,问需要多少块具有四插座的接线板?

这个公用插座可以看成是正则四叉树的根,每个接线板看成是其他的分枝点,灯泡看成是叶,则问题就是求总的分枝点的数目,可以算得 $i=\dfrac{1}{3}(28-1)=9$。因此,至少需要 9 块接线板才能达到目的。

在实际应用中,二叉树特别有用。一方面因为它便于用计算机表示,另一方面还因为任何一个有序树都可以变换一个对应的二叉树,把一个有序树变成二叉树可以分两步完成:

第一步,对有序树的每个分枝点 v,保留它的最左一条出边,删去它的其余出边,再把 v 的位于同一层的各个儿子用一条有向通路从左到右连接起来;

第二步,在由第一步得到的图中,对每个结点 v,将位于 v 下面一层的直接后继(如果存在)作为左儿子,与 v 同层的后继(即原来的最左弟结点)作为 v 的右儿子。

例 5.29 图 5.26(c)是有序树(a)的二叉树表示,(b)是由第一步产生的中间结果。

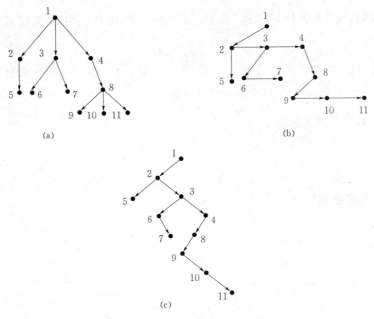

(a)

(b)

(c)

图 5.26 二叉树变换

定义 5.24 在根树中,一个结点的通路长度定义为根到这个结点的距离。根树的高度定义为树中最大的结点通路长度。

定理 5.11 在一个分枝点数目为 i 的完全二叉树 $T=<V,E>$ 中,设 I 表示各分枝点通路长度之和,J 表示各叶的通路长度之和,则 $J=I+2i$。

证明 对分枝点个数 i 作归纳。

$i=1$ 时，$I=0$，$J=2$，故 $J=I+2i$ 成立。

假设 $i=k+1$ 时，设在完全二叉树 T 中，v 是一个通路长度为 l 的分枝点且其两个儿子 v_1 和 v_2 都是叶，则 $V-\{v_1,v_2\}=V'$ 后所得的 $T'=<V',E>$ 是含 k 个分枝点的完全二叉树，由归纳假设有 $J'=I'+2k$，比较 T 和 T' 可得：

$$J=J'+2(l+1)-l=J'+l+2, I=I'+l$$

于是

$$J=I'+2k+l+2=I+2(k+1)$$

即

$$J=I+2i$$

定理 5.11 中的 I 和 J 又常分别叫作树的内部通路长度之和与外部通路长度之和。

小结

1. 研究特点

(1) 图论以"结点"表事物，以"边"表事物间联系，而用结点与边所组成的图作为其研究实体。

(2) 图论是以图为工具研究关系的一门学科。它对研究与解决抽象世界中物体结构具有独特效果。在本篇中重点研究路径、树与图。

(3) 图论的研究特色：

• 形象性；

• 可计算性。

2. 图论的内容组成

(1) 基本概念；

(2) 基本理论；

(3) 矩阵计算；

(4) 算法。

3. 主要概念

(1) 图的概念；

(2) 有向图与无向图；

(3) 通路、回路；

(4) 连通性、可达性；

(5) 树；

(6)生成树。

4. 主要定理

(1)结点与边的基本关系定理；

(2)基本通路、回路长度的定理；

(3)树的三大性质定理。

5. 矩阵计算

(1)图的关联矩阵；

(2)图的邻接矩阵；

(3)图的可达矩阵。

6. 算法

(1)生成树算法；

(2)带权最小生成树算法。

7. 图论与关系

(1)可以用图与矩阵表示关系；

(2)可以用关系理论指导图论。

习题

5.1　画出下列各图的图形并求出各结点的度(出度、入度)：

(1)$G=<V,E>$，其中 $V=\{a,b,c,d,e\}$，$E=\{(a,b),(a,c),(a,d),(b,a),(b,c),(d,d),(d,e)\}$。

(2)$H=<V,E>$，其中 $V=\{a,b,c,d,e\}$，$E=\{<a,b>,<a,c>,<a,e>,<b,c>,<d,a>,<d,d,>,<d,e>\}$。

5.2　下列各组数中,哪些能构成无向图的度序列？哪些能构成无向简单图的度序列？

(1)1,1,1,2,3；　(2)2,2,2,2,2；　(3)3,3,3,3；　(4)1,2,3,4,5；　(5)1,3,3,3。

5.3　设图 $G=<V,E>$，$|V|=8$，若 G 有三个度为 3 的结点，两个度为 2 的结点，三个度为 1 的结点,试问:G 有多少条边？

5.4　图 G 有 12 条边，三个度为 4 的结点，其余结点的度均为 3,问图 G 有多少个结点？

5.5　图 5.27 中 G_1 与 G_2 同构吗？若同构,写出结点之间的对应关系;若不同构则说明理由。

5.6　图 5.28 至图 5.30 是否同构？并说明其理由。

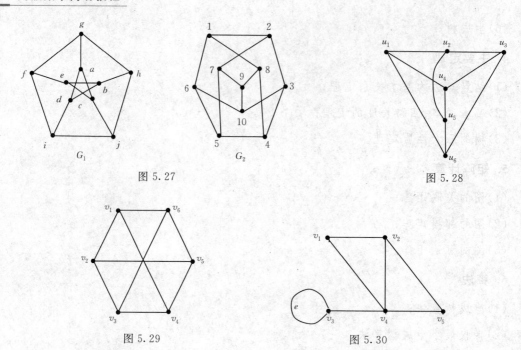

图 5.27

图 5.28

图 5.29

图 5.30

5.7 一个 $n(n \geq 2)$ 阶无向简单图 G 中，n 为奇数，已知 G 中有 r 个奇度数结点，问 G 的补图 $\overline{G}$ 中有几个奇度结点？

5.8 证明，任何 5 个人中，要么有 3 人彼此相识，要么有 3 人彼此不认识。

5.9 画出 K_4 的所有非同构的子图，其中几个是生成子图？生成子图中有几个是连通图？

5.10 试给出所有不同构的无向 5 阶自补图。

5.11 给定图 5.31，试求：

(1)从 a 到 f 的所有链；

(2)从 a 到 f 的所有路；

(3)从 a 到 f 的所有短程线和距离；

(4)所有从 a 出发的圈。

图 5.31

5.12 (1)试证明，若无向图 G 中只有两个奇点，则这两个结点一定是连通的。

(2)若有向图 G 中只有两个奇点，它们一个可达另一个或互相可达吗？

5.13 在图 5.32 所示的 4 个图中，哪几个是强连通图？哪几个是单向连通图？哪几个是弱连通图？

(a)

(b)

(c)

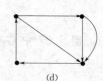
(d)

图 5.32

5.14 在图 5.30 中找出其所有的路和圈。

5.15 设 G 是具有 n 个结点的简单无向图,试证如果 G 中每一对结点的度数之和均大于等于 $n-1$,那么 G 是连通图。

5.16 寻找三个 4 阶有向简单图 D_1, D_2, D_3,使得 D_1 为强连通图;D_2 为单向连通图但不是强连通图;而 D_3 是弱连通图但不是单向连通图,当然更不是强连通图。

5.17 设无向图 $G = <V, E>$,$V = \{v_1, v_2, v_3, v_4\}$,邻接矩阵 A:

$$A = \begin{pmatrix} 0 & 1 & 0 & 1 \\ 1 & 0 & 1 & 1 \\ 0 & 1 & 0 & 0 \\ 1 & 1 & 0 & 0 \end{pmatrix}$$

(1)求 $d(v_1)$ 和 $d(v_2)$。

(2)图 G 是否为完全图?

(3)从 v_1 到 v_2 长为 3 的路有多少条?

(4)借助图解表示法写出从 v_1 到 v_2 长为 3 的每一条路。

5.18 画出邻接矩阵为 A 的无向图 G 的图形,其中

$$A = \begin{pmatrix} 0 & 1 & 0 & 1 & 1 \\ 1 & 1 & 1 & 0 & 1 \\ 0 & 1 & 0 & 1 & 1 \\ 1 & 0 & 1 & 0 & 1 \\ 1 & 1 & 1 & 1 & 1 \end{pmatrix}$$

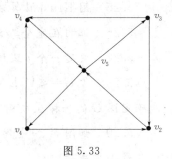

图 5.33

5.19 有向图 G 如图 5.33 所示。

(1)写出图 G 的邻接矩阵 A。

(2)G 中长度为 3 的通路有多少条?其中有几条为回路?

(3)图 G 的邻接矩阵为 A,求该图的可达性矩阵 P,并根据 P 来判断该图是否为强连通图。

5.20 写出图 5.34 的关联矩阵和邻接矩阵。

5.21 图 5.35 是有向图。

(1)求出它的邻接矩阵 A。

(2)求出 $A^{(2)}, A^{(3)}, A^{(4)}$,说明从 v_1 到 v_4 长度为 1,2,3,4 的路径各有几条?

(3)求出 A^2, A^3, A^4 及可达性矩阵。

5.22 求图 5.36、图 5.37 的关联矩阵。

5.23 求图 5.36、图 5.37 的邻接矩阵。

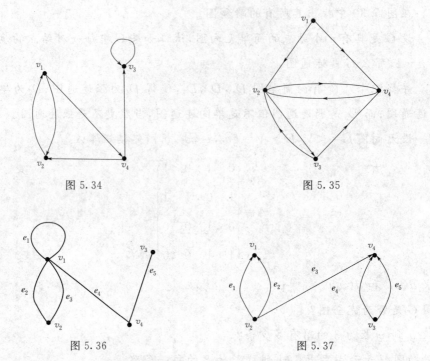

图 5.34 　　　　　　　　　　　　图 5.35

图 5.36 　　　　　　　　　　　　图 5.37

5.24　证明树 T 中最长通路的起点和终点必都是 T 的叶。

5.25　用 Kruskal 算法求图 5.38 的一棵最小生成树。

5.26　证明在完全二叉树中 n_t 是叶的数目，则边的数目等于 $2n_t-1$。

5.27　决定一个 t 叉树中内部通路长度之和与外部通路长度之和的关系。

5.28　设 $G=<V,E>$ 是有 P 个结点，S 条边的连通图，则从 G 中删去多少条边，才能确定图 G 的一棵生成树？

5.29　如图 5.39 是有 6 个结点 a,b,c,d,e,f 的带权无向图，各边的权如图所示，试求其最小生成树。

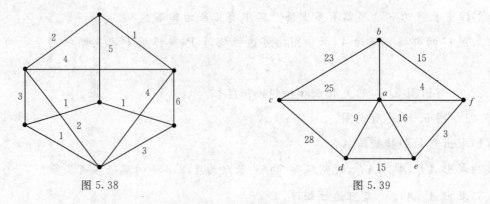

图 5.38 　　　　　　　　　　　　图 5.39

5.30　图 5.39 中删除权后就是一个无向图，试求其中的（任意）三个生成树。

第6章 数理逻辑

数理逻辑是用数学方法研究形式逻辑中推理规律的一种理论。

我们知道,逻辑学是一门研究思维规律的科学。在逻辑学中一般分辩证逻辑与形式逻辑两种,其中辩证逻辑研究思维内涵的规律,它的研究属哲学范畴,一般而言,对它的研究不能用数学的方法;而形式逻辑则是研究思维外延即思维外部表现的规律。在形式逻辑中分为演绎逻辑与归纳逻辑等几种。其中演绎逻辑研究形式逻辑中的演绎推理规律;而归纳逻辑则是研究其中的归纳推理规律。在数理逻辑中所研究的逻辑以演绎逻辑为主,因此,数理逻辑是研究演绎逻辑形式规律的数学。

最早提出用数学方法研究逻辑的是德国数学家莱布尼茨(G. W. Leibniz),他在 1666 年的著名著作《论组合的艺术》中首先提出了数理逻辑的思想,此后,布尔(G. Boole)、弗雷格(G. Frege)对其做了进一步的发展,到 20 世纪 30 年代怀特黑(A. N. Whitehead)与罗素(B. Russell)在其合著的《数学原理》中对当时数理逻辑的成果做了总结性的研究与介绍,从而使数理逻辑成为数学中的一门新的学科。

自 20 世纪 50 年代,由于计算机科学的发展,使其与数理逻辑建立了密切的关系。由于计算机用电子元件与部件模拟人脑思维(特别是其中的形式逻辑思维)这就使得数理逻辑成为研究计算机科学中的重要工具与方法。著名的计算机科学家、国际图灵奖获得者 Dijkstra 说过一段名言:"假如我早年在数理逻辑上下点功夫,就不会出那么多错误,不少东西在数理逻辑上早就讲过了。如果我年轻 20 岁,一定会去学数理逻辑"。可以预计,今后数理逻辑与计算机的关系将会更加密切。

在本章中主要介绍命题逻辑与谓词逻辑两部分,这是数理逻辑中的两个最基本的部分。

众所周知,语言是思维的外壳,亦即是说思维是通过语言来表示,因此在数理逻辑中我们首先以自然语言为对象研究形式逻辑。

6.1　命 题 逻 辑

命题逻辑以命题为基本对象、研究基于命题的符号体系及其形式系统。

6.1.1　命题

在对形式逻辑的研究中是以自然语言为对象作研究的，而自然语言的基本单位是语句，而一个确定的并能区分真假的语句是我们研究的对象，它称为命题。

定义 6.1　命题：凡能分辨真假的语句称命题。

在自然语言中有些语句是能分辨真假的，有些则不能。如：

（1）中华人民共和国首都是北京。

（2）台湾是中国领土。

（3）凡抽烟的人均得肺癌。

（4）朱元璋是宋代人。

以上语句均能分辨真假。前两个为真，后两个为假，因此是命题。一般而言，自然语言中的陈述句都是命题。一些语句如：

（5）请不要随地吐痰。

（6）祝你一路顺风。

（7）明天你上学吗？

以上语句不能分辨真、假，因此不是命题。一般而言，自然语言中的祈使句、感叹句及疑问句等都不是命题。

定义 6.2　原子命题：一命题凡不能分解为更简单的命题称原子命题或简称原子。

（8）花是红的，叶是绿的。

（9）昨天我上学，放学后做作业。

这两个语句均是命题，它们均可分解成为更简单的命题：

①花是红的。

②叶是绿的。

③昨天我上学。

④昨天放学后我做作业。

因此，（8）与（9）均不是原子命题。

一般而言，原子命题是命题逻辑中研究的真正的基本单位。由于原子命题的简单性与确定性从而为数理逻辑的研究提供了坚实的基础。

在命题逻辑中可以用大写字母 $P,Q,\cdots$ 表示命题，称为命题标识符。如可用 P,Q 分别表示下面的两个命题：

P：今天是我的生日。

Q:杨振宁是著名的物理学家。

由于每个命题非真即假,在命题逻辑中可用 T(True)表示真,而用 F(False)表示假。它叫作命题的真值。为构造符号体系,在命题逻辑中我们抽取命题的语义仅保留命题标识符及其真值从而构成了一种抽象意义上的命题,它可由命题常量与命题变量两部分组成。

定义 6.3　命题常量:一个具有确定真值的命题,它可用 T 或 F 表示,称命题常量或命题常元。

定义 6.4　命题变量:一个以 T,F 为其变域的命题,并可用命题标识符表示之。称命题变量或称命题变元。

可以对命题变量赋值,即用真值赋予命题变量,经赋值后的变量即为常量,而这种赋值称为**指派**。

经过抽象后的命题具有广泛意义和价值。

6.1.2　命题联结词

在自然语言中,命题间是可以通过某些联结词联结起来的。它们构成了一种较为复杂的命题可称为复合命题。

定义 6.5　复合命题:由原子命题通过联结词所构成的命题称复合命题。

联结词常用的有五种,它们是:"否定""并且""或者""蕴涵"及"等价"等。

(1)否定

否定联结词是一元联结词,它的作用对象仅为一个命题。该联结词作用于一个命题后使该命题出现相反的语义。如有命题:今天下雨,而加上否定联结词后即为:今天不下雨。

在命题逻辑中将此联结词予以符号化,并建立符号体系如下:

- 将命题用 $P,Q,\cdots$ 标识符表示;
- 将否定联结词用"$\neg$"表示;
- 将否定作用于命题用"$\neg P$"表示;
- 最后,用下面的真值表(见表 6.1)表示否定的形式语义。

表 6.1　"否定"真值表

P	$\neg P$
T	F
F	T

$\neg P$ 一般可称为 P 的否定式,而 P 则可称为此否定式的否定项。

在自然语言中"否定"往往可用"不""非""无""没有""并不"等表示。

例 6.1 "被告在法庭上否认了对他的指控"。

在此语句中可令:

P:被告在法庭上承认了对他的指控。

则此语句可写为$\neg P$。

例 6.2 "他昨天没有参加赈灾义演"。

在此语句中可令:

P:他昨天参加了赈灾义演。

此语句可写为$\neg P$。

(2)并且

并且联结词是二元联结词,它的作用对象为两个命题,该联结词作用于两个命题后可将两命题用"并且"联结于一起。如有命题:"今天我看电视""今天我听音乐",则联结词"并且"将其联结为"今天我看电视并且今天我听音乐"。

在命题逻辑中可将此联结词符号化,并构造符号体系如下:

• 将命题用 $P,Q,\cdots$标识符表示;

• 将并且联结词用"$\wedge$"表示;

• 将该联结词作用于两个命题,用:"$P \wedge Q$"表示;

• 最后,用下面的真值表(见表 6.2)表示并且的形式语义。

$P \wedge Q$一般可称为 P 与 Q 的合取式,而 P,Q 分别叫此合取式的合取项。

表 6.2 "并且"真值表

P	Q	$P \wedge Q$
T	T	T
T	F	F
F	T	F
F	F	F

在自然语言中,"并且"往往可有多种表示形式,如"同时""和""与""同"以及"而且""不但……而且""又""既……又……""尽管……仍然""虽然……但是……"等等。

例 6.3 "他边看书边听音乐"。

在此语句中可令:

P:他看书。

Q:他听音乐。

则此语句可写为:$P \wedge Q$。

例 6.4 "鱼我所欲也,熊掌亦我所欲也"。

在此语句中可令：

P：鱼我所欲也。

Q：熊掌我所欲也。

则此语句可写为：$P \wedge Q$。

（3）或者

或者联结是二元联结词，它的作用对象为两个命题，该联结词作用于两个命题后可将两命题用"或者"联结于一起。如有命题："今天我看书"，"今天我写字"，则联结词"或者"将其联结为："今天我看书或者写字"。

在命题逻辑中可将此联结词符号化，并构造符号体系如下：

- 将命题用 P, Q… 标识符表示；
- 将或者联结词用"$\vee$"表示；
- 将该联结词作用于两个命题，用"$P \vee Q$"表示；
- 用真值表（见表 6.3）表示或者的形式语义。

$P \vee Q$ 一般可称为 P 与 Q 的析取式，而 P, Q 则分别叫此析取式的析取项。

表 6.3 "或者"真值表

P	Q	$P \vee Q$
T	T	T
T	F	T
F	T	T
F	F	F

在自然语言中"或者"有多种表示形式，如"或许""或""可能""可能……也可能……"等。

例 6.5 "我明天可能去游泳也可能去打球"。

在此语句中可令：

P：我明天去游泳。

Q：我明天去打球。

则此语句可写为：$P \vee Q$。

例 6.6 "明天可能打雷或许也可能下雨"。

在此语句中可令：

P：明天打雷。

Q：明天下雨。

则此语句可写为：$P \vee Q$。

在自然语言中，或者具有两种不同语义，一种是"可兼或"而另一种则是"不可兼或"。

如例 6.6 中"打雷"与"下雨"是可以同时出现,这种或者称可兼或。但在有些时候,如"我明天去北京参加会议或者去广州参观展览",这种"或者"是两者不可兼而有之的。因此称不可兼或。按照或者联结词的真值表,在我们这里的或者是可兼或,而不是不可兼或。

(4)蕴涵

蕴涵联结词是二元联结词,它的作用对象为两个命题。该联结词作用于两个命题后可将两命题用"如果……则……"联结于一起。如有命题:"明天下雨""明天取消旅游",则蕴涵联结词将其联结为"如果明天下雨,则明天取消旅游"。

在命题逻辑中可将此联结结构符号化,并构造符号体系如下:

- 将命题用 $P,Q,\cdots$ 标识符表示;
- 将蕴涵联结词用"→"表示;
- 将该联结词作用于两个命题,用"$P \to Q$"表示;
- 用下面的真值表(见表 6.4)表示蕴涵的形式语义。

$P \to Q$ 一般可称为 P 与 Q 的蕴涵式,或称 P 蕴涵 Q。而 P 称为前件,Q 称为后件。

表 6.4 "蕴涵"真值表

P	Q	$P \to Q$
T	T	T
T	F	F
F	T	T
F	F	T

在自然语言中,蕴涵联结词往往有多种不同表示形式。如:"当……则……""若……那么……""假如……那么……""倘若……就……"等等。

例 6.7 "如果他生病他就不去参加会议。"

在此语句中可令:

P:他生病。

Q:他参加会议。

则此语句并可写为:$P \to \neg Q$。

例 6.8 "如 $X > 8$ 则必有 $X - 8 > 0$"。

在此语句中可令:

P:$X > 8$。

Q:$X - 8 > 0$。

则此语句可写为:$P \to Q$。

在自然语言中蕴涵式的前件与后件间一般具有因果关系,如例 6.7、例 6.8 中均有因果关系,但在数理逻辑中则它们不一定具任何关系,它们按真值表的形式定义其真假。

此外,在蕴涵式中,一般我们看重的是当前件为 T 时的后件表示,而对前件为 F 时则认为并不重要,此时采用"善意判定"的方法即当前件为 F 时则后件不管是 T 或 F 其结果均为 T。如在例 6.7 中我们看重的是"他生病"为 T 时他是否参加会议。而当他不生病时我们并不关心其是否参加会议。

(5)等价

等价联结词是二元联结词,它的作用对象为两个命题,该联结词作用于两命题后可将两命题用"等价"联结于一起。如命题:"5+3=8""8-5=3"则等价联结词将其联结为"5+3=8 等价于 8-5=3"。

在命题逻辑中可将此联结词符号化,并构造符号体系如下:

- 将命题用 $P,Q\cdots$ 标识符表示;
- 将等价联结词用"↔"表示;
- 将该联结词作用于两个命题,用"$P \leftrightarrow Q$"表示;
- 用下面的真值表(见表 6.5)表示等价的形式语义。

$P \leftrightarrow Q$ 一般可称为 P 与 Q 的等价式,而 P,Q 分别叫作 $P \leftrightarrow Q$ 的两端。

表 6.5　"等价"真值表

P	Q	$P \leftrightarrow Q$
T	T	T
T	F	F
F	T	F
F	F	T

在自然语句中等价联结词往往有多种不同表示形式,如:"充分必要""相同""等同""相等""一样""只有……才能……""当且仅当"等等。

例 6.9　"只有充分休息才能消除疲劳。"

在此语句中可令:

P:充分休息。

Q:消除疲劳。

则此语句可写为:$P \leftrightarrow Q$。

例 6.10　"生命不息,奋斗不止"。

在此语句中可令:

P:生命不息。

Q:奋斗不止。

则此语句可写为:$P \leftrightarrow Q$。

9.1.3 命题公式

我们由自然语言出发归结出命题与命题联结词两个概念,并将其符号化,从而构成初步的符号体系。从这一节开始我们将脱离自然语言实际,逐步建立其形式化系统。而这种系统建立的首要步骤是构造形式化的命题公式。

定义 6.6 命题逻辑合式公式:命题逻辑合式公式(或称命题公式简称公式)可按如下规则生成:

(1)命题变元与命题常元是公式;

(2)如果 P 是公式则 $(\neg P)$ 是公式;

(3)如果 P,Q 是公式则 $(P \vee Q)$, $(P \wedge Q)$, $(P \rightarrow Q)$ 及 $(P \leftrightarrow Q)$ 是公式;

(4)公式由且仅由有限次应用(1)、(2)、(3)而得。

从形式上看,命题公式是由命题变元、命题常元,五个联结词以及圆括号按一定规则所组成的字符串。按照上述定义,下面的字符串是公式:

- $(\neg(P \vee Q))$;
- $(P \rightarrow (Q \wedge R))$;
- $(((P \wedge Q) \vee (P \wedge R)) \rightarrow R)$。

而下面的字符串则不是公式:

- $((\neg P) \neg \rightarrow Q)$;
- $(PQ \vee R)$;
- $(P \rightarrow (\wedge R))$。

为表示简单化,在公式中的圆括号是可以省略的,其规则如下:

(1)规定五个联结词的结合能力的强弱顺序为 $\neg$、$\wedge$、$\vee$、$\rightarrow$ 及 $\leftrightarrow$,其中 $\neg$ 为最强而 $\leftrightarrow$ 为最弱,在公式中凡符合此顺序者,括号均可省去。

(2)具有相同结合能力的联结词,按其出现的先后顺序,先出现者先联结,凡符合此要求者,其括号均可除去。

(3)最外层括号可省去。

例 6.11 将下面的公式省去括号:

$$(\neg((P \wedge (\neg(Q)))) \vee R) \rightarrow ((R \vee P) \vee R))$$

在省去括号后该公式为

$$\neg(P \wedge \neg Q) \vee R \rightarrow R \vee P \vee Q$$

定义 6.7 n 元命题公式:一个命题公式中如包含有 n 个不同命题元变元,则称该命题公式为 n 元命题公式。

有了命题公式后可以用它它表示自然语言及形式思维的多种形态,也可以表示客观世界中具二值状态的系统中。下面用一些例子表示。

例 6.12　"明天上午不是雨夹雪我必去学校",在此语句中可以令:

P:明天上午下雨。

Q:明天上午下雪。

R:我去学校。

此语句可以用命题公式表示如下:

$$\neg(P \wedge Q) \rightarrow R$$

例 6.13　"明天我将风雨无阻去学校",在此语句中可以令:

P:明天下雨。

Q:明天刮风。

R:我去学校。

此语句可以用命题公式表示如下:

$$P \wedge Q \vee P \wedge \neg Q \vee \neg P \wedge Q \vee \neg P \wedge \neg Q \rightarrow R$$

一般而言,将自然语言转换成为命题公式须经过下列三个步骤:

(1)首先找出语句中的原子命题并以命题标识符表示之;

(2)其次确定命题间的联结词(按其真值表方式定义);

(3)最后用命题公式的定义规则(还包括括号省略方式)组成一个合式公式。

6.1.4　命题公式的真值表与重言式

命题公式也有真、假,其真假值由组成它的命题变元所唯一确定。一般可用真值表的方法以确定命题公式的真假值。此种真值表称为命题公式真值表。

一个 n 元命题公式的真值由 n 个命题变元所唯一确定,设它们分别是:$P_1, P_2, \cdots, P_n$,给它们一个指派可以得到命题公式的真值,而 n 个变元一共有 2^n 个指派,这样一共可以得到命题公式 2^n 个真值,它们组成了命题公式的真值表。而对每个指派所能得到命题公式真值的过程,是从指派中的真值开始按联结词逐层计算,而最终获得其结果。

一个指派如使公式为真称成真指派;使公式为假称成假指派。下面用一个例子以说明命题公式的真值表的组成。

例 6.14　构造命题公式 $\neg(P \wedge Q) \rightarrow (\neg P \wedge \neg Q)$ 的真值表。

首先,此公式有两个命题变元故而共有 $2^2 = 4$ 个指派。

其次,对其中每个指派分别按联结词层次顺序计算其真值:

(1)P, Q;

(2)$P \wedge Q, \neg P, \neg Q$;

(3)$\neg(P \wedge Q), \neg P \wedge \neg Q$;

(4)$\neg(P \wedge Q) \rightarrow (\neg P \wedge \neg Q)$。

最后,得到公式所有指派的真值。其最终的命题公式真值表可见表 6.6。

表 6.6　命题公式¬$(P \wedge Q) \rightarrow (\neg P \wedge \neg Q)$的真值表

P	Q	$P \wedge Q$	$\neg P$	$\neg Q$	$\neg (P \wedge Q)$	$\neg P \wedge \neg Q$	$\neg (P \wedge Q) \rightarrow (\neg P \wedge \neg Q)$
T	T	T	F	F	F	F	T
T	F	F	F	T	T	F	F
F	T	F	T	F	T	F	F
F	F	F	T	T	T	T	T

例 6.15　请给出命题公式:¬$(P \rightarrow Q) \rightarrow P$ 的真值表。

该公式的真值表可见表 6.7。

表 6.7　命题公式¬$(P \rightarrow Q) \rightarrow P$ 的真值表

P	Q	$P \rightarrow Q$	$\neg (P \rightarrow Q)$	$\neg (P \rightarrow Q) \rightarrow P$
T	T	T	F	T
T	F	F	T	T
F	T	T	F	T
F	F	T	F	T

从这个真值表中可以看到一个很有趣的结果,即对此公式所有指派均取值为真,亦即是说,公式的真值与指派无关,这种公式我们就称之为重言式。

定义 6.8　重言式:一个命题公式如其所有指派均为成真指派,则称此公式为重言式。或叫永真公式。

相反的,我们可以有类似的定义:

定义 6.9　矛盾式:一个命题公式如所有指派均为成假指派,则称此公式为矛盾式。或叫永假公式。

此外,命题公式还有第三种情况出现:

定义 6.10　可满足公式:一个命题公式如至少存在一个成真指派,则称此公式为可满足公式。

在这三种公式中我们最为关注的是重言式,重言式具有稳定的结果与统一的表示,它在数理逻辑中起着重要的作用。下面给出重言式的一些重要特性:

(1)重言式的否定是矛盾式;反之,矛盾式的否定是重言式。

此特性表示,研究重言式与研究矛盾式是一致的。

(2)两个重言式的析取式、合取式、蕴涵式及等价式均为重言式。

即如 A,B 为重言式,则 $A \wedge B$,$A \vee B$,$A \rightarrow B$,$A \leftrightarrow B$ 为重言式。

在重言式中,我们特别对等价重言式与蕴涵重言式作讨论,它们在逻辑推理中有重要作用。

定义 6.11　等价重言式:如果等价式:$A \leftrightarrow B$ 为永真,则称其为等价重言式,并记作

$$A \Leftrightarrow B$$

等价重言式 $A \Leftrightarrow B$ 也可称 A 与 B 相等,或称为 A 与 B 的等式,并记作

$$A = B$$

例 6.16　我们可以有下面的等式:

- $(P \wedge Q) \vee (P \wedge \neg Q) = P$;
- $\neg(P \wedge Q) \rightarrow (\neg P \wedge \neg Q) = P \leftrightarrow Q$。

定义 6.12　蕴涵重言式:如果蕴涵式 $A \rightarrow B$ 为永真,则称其为蕴涵重言式,并记作

$$A \Rightarrow B$$

例 6.17　我们可以有下面的蕴涵重言式:

- $P \wedge Q \Rightarrow P$;
- $P \Rightarrow P \vee Q$。

6.1.5　命题逻辑的等式推理

在本节中我们应用等价重言式即等式建立起命题逻辑中的一种重要的逻辑推理形式化系统称命题逻辑等式推理或等式演算。

等式推理一般可由三部分组成,它们是:

(1)基本等式:首先要建立若干个基本等式,这些等式的正确性由真值表确定,它是整个推理的基础。

(2)推理规则:在等式推理中除基本等式外还需有若干个推理规则,通过这些规则可以将一个等式推演至另一个等式。

(3)推理过程:应用基本等式与推理规则可以将一个命题公式逐步推进最后得到预期新的公式作为结论,这个过程称推理过程。

1. 基本等式

为进行等式推理首先须给出若干个最基本的等式。它一共可分为七组 37 条:

第一组:结合律

等式(1)　$(A \vee B) \vee C = A \vee (B \vee C)$;

等式(2)　$(A \wedge B) \wedge C = A \wedge (B \wedge C)$;

等式(3)　$(A \leftrightarrow B) \leftrightarrow C = A \leftrightarrow (B \leftrightarrow C)$。

第二组:交换律

等式(4)　$A \vee B = B \vee A$;

等式(5)　$A \wedge B = B \wedge A$;

等式(6)　$A \leftrightarrow B = B \leftrightarrow A$。

第三组:分配律

等式(7)　$A \wedge (B \vee C) = (A \wedge B) \vee (A \wedge C)$;

等式(8)　$A \vee (B \wedge C) = (A \vee B) \wedge (A \vee C)$;

等式(9)　$A \rightarrow (B \rightarrow C) = (A \rightarrow B) \rightarrow (A \rightarrow C)$。

第四组:否定深入

等式(10)　$\neg \neg A = A$;　　　　　　　　　　　　　　　　　　　　　(双否定律)

等式(11)　$\neg (A \vee B) = \neg A \wedge \neg B$;　　　　　　　　　　　　　(德·摩根定律)

等式(12)　$\neg (A \wedge B) = \neg A \vee \neg B$;　　　　　　　　　　　　　(德·摩根定律)

等式(13)　$\neg (A \rightarrow B) = A \wedge \neg B$;

等式(14)　$\neg (A \leftrightarrow B) = \neg A \leftrightarrow B = A \leftrightarrow \neg B$;

第五组:变元等同

等式(15)　$A \wedge A = A$;　　　　　　　　　　　　　　　　　　　　　(等幂律)

等式(16)　$A \vee A = A$;　　　　　　　　　　　　　　　　　　　　　(等幂律)

等式(17)　$A \wedge \neg A = F$;　　　　　　　　　　　　　　　　　　　(矛盾律)

等式(18)　$A \vee \neg A = T$;　　　　　　　　　　　　　　　　　　　　(排中律)

等式(19)　$A \rightarrow A = T$;

等式(20)　$A \rightarrow \neg A = \neg A$;

等式(21)　$\neg A \rightarrow A = A$;

等式(22)　$A \leftrightarrow A = T$;

等式(23)　$A \leftrightarrow \neg A = \neg A \leftrightarrow A = F$;

第六组:常值与变元的联结

等式(24)　$T \wedge A = A$;　　　　　　　　　　　　　　　　　　　　　(同一律)

等式(25)　$F \wedge A = F$;　　　　　　　　　　　　　　　　　　　　　(零律)

等式(26)　$T \vee A = T$;　　　　　　　　　　　　　　　　　　　　　(零律)

等式(27)　$F \vee A = A$;　　　　　　　　　　　　　　　　　　　　　(同一律)

等式(28)　$T \rightarrow A = A$;

等式(29)　$F \rightarrow A = T$;

等式(30)　$A \rightarrow T = T$;

等式(31)　$A \rightarrow F = \neg A$;

等式(32)　$T \leftrightarrow A = A$;

等式(33)　$F \leftrightarrow A = \neg A$;

第七组:联结词化归

等式(34)　$A \wedge B = \neg (\neg A \vee \neg B)$;

等式(35)　$A \vee B = \neg (\neg A \wedge \neg B)$;

等式(36)　$A \rightarrow B = \neg A \vee B$;

等式(37)　$A \leftrightarrow B = (A \rightarrow B) \wedge (B \rightarrow A) = (\neg A \vee B) \wedge (\neg B \vee A)$

$$= (A \wedge B) \vee (\neg A \wedge \neg B)$$

2. 推理规则

等式推理中有两个推理规则,它们是代入规则与替换规律。下面分别介绍之。

(1)代入规则

在等式的某一命题变元的所有出现中可用一命题公式代入后其等式不变。这个规则称代入规则。

例 6.18　等式(36):$A \rightarrow B = \neg A \vee B$ 可用 $P \vee Q$ 代入 A,$R \vee S$ 代入 B 后得到下面的等式。

$$(P \vee Q) \rightarrow (R \vee S) = \neg(P \vee Q) \vee (R \vee S)$$

(2)替换规则

用 $\varnothing(A)$ 表示命题公式中含公式 A,同时有等式 $A = B$,此时可在 $\varnothing(A)$ 将 A 替换成 B 从而得到 $\varnothing(B)$,此时必有

$$\varnothing(A) = \varnothing(B)$$

这个规则称为替换规则。

例 6.19　设有命题公式 $(P \rightarrow Q) \rightarrow R$,同时有等式(36):$P \rightarrow Q = \neg P \vee Q$,此时可用 $\neg P \vee Q$ 替换该命题公式从而得到:

$$\neg P \vee Q \rightarrow R$$

这样我们有:

$$(P \rightarrow Q) \rightarrow R = \neg P \vee Q \rightarrow R$$

3. 等式推理过程

等式推理过程是一个由命题公式 P 经等式推理,最终得到另一个命题公式 Q 为结论的过程。由于相等性满足传递律。此时有:$P = Q$;而等式推理过程形式则是一个等式的序列,它由基本等式应用推理规则组成如下:

$$P_1 = P_2 \qquad \text{(注明所使用的等式与规则)}$$
$$P_2 = P_3 \qquad \text{(注明所使用的等式与规则)}$$
$$\cdots$$
$$P_n = P_{n+1} \qquad \text{(注明所使用的等式与规则)}$$

其中:$P = P_1$;而 $P_{n+1} = Q$。

例 6.20　试证明下面的等式(38):$(P \vee Q) \rightarrow R = (P \rightarrow R) \wedge (Q \rightarrow R)$。

$$(P \vee Q) \rightarrow R = \neg(P \vee Q) \vee R \qquad \text{(等式(36)及替换、代入规则)}$$

$$= (\neg P \wedge \neg Q) \vee R \qquad \text{(等式(12)及替换、代入规则)}$$

$$= (\neg P \vee R) \wedge (\neg Q \vee R) \qquad \text{(等式(8)及代入规则)}$$

$$= (P \rightarrow R) \wedge (Q \rightarrow R) \qquad \text{(等式(36)及替换、代入规则)}$$

从此例中可以看出,等式推理是双向的,它可以从等式左端推向右端,也可从等式右端推向左端,它们都是等同的。在此例中可以由$(P \vee Q) \rightarrow R$推向$(P \rightarrow R) \wedge (Q \rightarrow R)$,也可由$(P \rightarrow R) \wedge (Q \rightarrow R)$推向$(P \vee Q) \rightarrow R$。

例 6.21 试证明等式(39):$P \rightarrow Q = \neg Q \rightarrow \neg P$。

$$P \rightarrow Q = \neg P \vee Q \qquad \text{(由等式(36)及代入规则)}$$

$$= \neg P \vee \neg \neg Q \qquad \text{(由等式(10)及替换、代入规则)}$$

$$= \neg \neg Q \vee \neg P \qquad \text{(由等式(4)及代入规则)}$$

$$= \neg Q \rightarrow \neg P \qquad \text{(由等式(36)及代入规则)}$$

例 6.22 试证明等式(40):$P \vee (P \wedge Q) = P$。

$$P \vee (P \wedge Q) = P \wedge (Q \vee \neg Q) \vee (P \wedge Q) \qquad \text{(由等式(18)、(24)及替换、代入规则)}$$

$$= (P \wedge Q) \vee (P \wedge \neg Q) \vee (P \wedge Q) \qquad \text{(由等式(7)及替换、代入规则)}$$

$$= (P \wedge Q) \vee (P \wedge \neg Q) \qquad \text{(由等式(16)及替换、代入规则)}$$

$$= P \wedge (Q \vee \neg Q) \qquad \text{(由等式(7)及替换、代入规则)}$$

$$= P \qquad \text{(由等式(18)、(24)及替换、代入规则)}$$

同理可以有

等式(41) $P \wedge (P \vee Q) = P$。

等式(40)与等式(41)称吸收律,它们在推理中很重要。

例 6.23 试证明等式(42):$P \rightarrow (Q \rightarrow R) = P \wedge Q \rightarrow R$。

例 6.24 试证明等式(43):$(P \rightarrow Q) \wedge (P \rightarrow R) = P \rightarrow Q \wedge R$。

这两个例子读者可试着自己去证明。

例 6.25 试将下面的语句化简:

情况并非如此:如果他不来那么我也不去。

解 设命题如下:

P:他来。

Q:我去。

则此语句可以写为

$$\neg(\neg P \rightarrow \neg Q)$$

下面做等式推理如下:

$$\neg(\neg P \rightarrow \neg Q) = \neg(Q \rightarrow P) \qquad \text{(由等式(39)及替换、代入规则)}$$

$$= \neg(\neg Q \vee P) \qquad \text{(由等式(36)及代入规则)}$$

$$= Q \wedge \neg P \qquad\qquad （由等式(10),(11)及替换、代入规则）$$

由此可将上面的语句化简成为：

我去了但他没来。

6.1.6　命题逻辑的蕴涵推理

前面介绍的等式推理是命题逻辑中的一种双向推理方式，但在日常推理中一般使用的是单向推理，在本节中我们介绍单向推理称命题逻辑的蕴涵推理，也称命题演算或简称蕴涵推理。

蕴涵推理是一种基础推理，而等式推理即可通过正、反两个方向的蕴涵推理实现。因此，在数理逻辑中我们重点介绍蕴涵推理，它也可简称为推理。

为介绍推理，我们可先从数学定理证明说起。在数学中已知一些条件，经过证明最终可以得到定理，这是一种典型的推理。从这里我们可以知道，推理由三个部分组成，它们是：

①前提：前提是已知条件，在命题逻辑中它是命题公式并假设为真，一般前提可有若干个。

②结论：结论是定理。它是一个命题公式。它通过证明而确定其为真。

③推理过程：推理过程又称证明，它是由前提到结论的一种实施过程。为此提供两种手段：

一是推理规则；另一是推理方法。

在命题逻辑中推理用形式化方法实现，即前提与结论用公式表示，而推理规则与推理方法也用一定的形式化手段表示。这样，整个推理构成一种形式化系统。

下面我们重点介绍推理规则与推理方法的形式化。

1. 推理规则

推理规则是证明中所使用的一种形式化手段。它可由蕴涵重言式改造而成。

在命题逻辑中有很多蕴涵重言式，它们均具有 $A \Rightarrow B$ 之状，它表示："如 A 为真则 B 必为真"，因此如有 A 为前提，则表 A 真，故有 B 为真，这样我们就有："$A \Rightarrow B$"与"以 A 为前提必可推得 B 为真"具有相同的含义。我们用符号："$\vdash$"表示推理、推出之意，用这种符号可以将："以 A 为前提必可推得 B 为真"写为

$$A \vdash B$$

同样，我们给出"前提：$P, Q, \cdots, R$，必可推得 A 为真"写为

$$P, Q, \cdots, R \vdash A$$

在命题逻辑中有很多蕴涵重言式，用这些重言式可以得到很多推理规则，它们构成了蕴涵推理的基础。下面我们给出一些基本的蕴涵重言式，它的正确性可由真值表给出。

等式(44)　$A \wedge B \Rightarrow A$；

等式(45)　$A \wedge B \Rightarrow B$;

等式(46)　$A \Rightarrow A \vee B$;

等式(47)　$B \Rightarrow A \vee B$;

等式(48)　$\neg A \Rightarrow A \rightarrow B$;

等式(49)　$B \Rightarrow A \rightarrow B$;

等式(50)　$\neg(A \rightarrow B) \Rightarrow A$;

等式(51)　$\neg(A \rightarrow B) \Rightarrow \neg B$;

等式(52)　$\neg A \wedge (A \vee B) \Rightarrow B$;

等式(53)　$\neg B \wedge (A \vee B) \Rightarrow A$;

等式(54)　$A \wedge (A \rightarrow B) \Rightarrow B$;

等式(55)　$\neg B \wedge (A \rightarrow B) \Rightarrow \neg A$;

等式(56)　$(A \rightarrow B) \wedge (B \rightarrow C) \Rightarrow A \rightarrow C$;

等式(57)　$(A \rightarrow B) \wedge (C \rightarrow D) \Rightarrow A \wedge C \rightarrow B \wedge D$;

等式(58)　$(A \vee B) \wedge (A \rightarrow C) \wedge (B \rightarrow C) \Rightarrow C$;

等式(59)　$A \Rightarrow (B \rightarrow A \wedge B)$;

等式(60)　$(A \rightarrow B) \Rightarrow (B \rightarrow C) \rightarrow (A \rightarrow C)$;

等式(61)　$A \rightarrow (B \rightarrow C) \Rightarrow (B \rightarrow (A \rightarrow C))$;

等式(62)　$(A \rightarrow B) \rightarrow (C \rightarrow B) \Rightarrow ((A \vee C \rightarrow B)$.

这 19 个蕴涵重言式都可以转换成推理规则。此外,等价重言式也可转换成推理规则,其中每个等价重言式可相当于两个蕴涵重言式从而可以转换成两个推理规则。

但是,在众多的推理规则中下面的一些较为重要,它们会经常用到,现列于下:

等式(63)　化简规则:$A \wedge B \vdash A$;

等式(64)　化简规则:$A \wedge B \vdash B$;

等式(65)　附加规则:$A \vdash A \vee B$;

等式(66)　附加规则:$B \vdash A \vee B$;

等式(67)　合取引入规则:$A, B \vdash A \wedge B$;

等式(68)　析取三段论规则:$\neg A, A \vee B \vdash B$;

等式(69)　假言推理规则(分离规则):$A, A \rightarrow B \vdash B$;

等式(70)　拒取式规则:$\neg B, A \rightarrow B \vdash \neg A$;

等式(71)　假言三段论规则:$A \rightarrow B, B \rightarrow C \vdash A \rightarrow C$;

等式(72)　合取推理规则:$A \rightarrow B, C \rightarrow D \vdash A \wedge C \rightarrow B \wedge D$;

等式(73)　两难推理规则:$A \vee B, A \rightarrow C, B \rightarrow C \vdash C$;

等式(74)　归谬推理规则:$A \rightarrow B, A \rightarrow \neg B \vdash \neg A$

等式(75)　简单合取推理规则：$A \to B \vdash A \wedge C \to B \wedge C$

在这些推理规则中 A,B,C 等均视为公式。

2. 推理方法

在证明中须有一种形式化的方法以规范推理过程，我们知道蕴涵推理是一个由前提通过推理而得到结果的过程，而这种过程可形式化为一组公式序列：$C_1,C_2,\cdots,C_n$。而在该序列中，只允许出现按下面三个规则所引入的公式：

(1)前提引入规则 P：在 C_i 中允许出现前提。

(2)推理引入规则 T：在 C_i 中允许使用推理规则，而推理规则结果允许在 C_i 中出现。

(3)附加前提引入规则 CP：如待证结论有 $P \to Q$ 之形式，则可将 P 作为附加前提引入，允许出现在 C_i 中，此时如有 Q 出现在 C_i 中则结论 $P \to Q$ 成立。

这样，在给出前提下，整个推理过程是由一个公式序列 $C_1,C_2,\cdots,C_n$ 所组成，该序列中的公式按 P 规则、T 规则及 CP 规则规定设置，最后 C_n 为所得结论称定理。

例 6.26　设已知前提为

$$P \vee Q$$
$$Q \to R$$
$$P \to S$$
$$\neg S$$

试证明 $R \wedge (P \vee Q)$ 为定理

证明　$C_1 : P \to S$ 　　　　　　　　　　P

$C_2 : \neg S$ 　　　　　　　　　　P

$C_3 : \neg P$ 　　　　　　　　　　T：拒取式：C_1,C_2

$C_4 : P \vee Q$ 　　　　　　　　　　P

$C_5 : Q$ 　　　　　　　　　　T：析取三段论：C_3,C_4

$C_6 : Q \to R$ 　　　　　　　　　　P

$C_7 : R$ 　　　　　　　　　　T：分离规则：C_5,C_6

$C_8 : R \wedge (P \vee Q)$ 　　　　　　　T：合取引入：C_4,C_7

例 6.27　设前提为：

$$\neg P \vee Q$$
$$\neg Q \vee R$$
$$R \to S$$

试证 $P \to S$ 为定理。

证明　$C_1 : \neg P \vee Q$ 　　　　　　　　P

$C_2 : P \to Q$ 　　　　　　　　　T：$(36)C_1$

$$C_3: \neg Q \lor R \qquad\qquad\qquad\qquad\qquad P$$

$$C_4: Q \to R \qquad\qquad\qquad\qquad\qquad T:(36)C_3$$

$$C_5: P \to R \qquad\qquad\qquad\qquad\qquad T:假言三段论 C_2, C_4$$

$$C_6: R \to S \qquad\qquad\qquad\qquad\qquad P$$

$$C_7: P \to S \qquad\qquad\qquad\qquad\qquad T:假言三段论 C_5, C_6$$

例 6.28 有张、王、李、赵四人均为同班同学,有如下的事实:如张与王去看球赛则李也一定去看;现有张去看球赛或赵不去看球赛;王去看球赛。此时有结论:如赵去看球赛则李也去。试用蕴涵推理方法求证此结论。

解 设命题:

P:张看球赛;

Q:王看球赛;

R:李看球赛;

S:赵看球赛。

此时有前提:

$$(P \land Q) \to R$$

$$\neg S \lor P$$

$$Q$$

需求证结论为:$S \to R$

证明
$$C_1: \neg S \lor P \qquad\qquad\qquad\qquad\qquad P$$

$$C_2: S \to P \qquad\qquad\qquad\qquad\qquad T:(36)C_1$$

$$C_3: S \qquad\qquad\qquad\qquad\qquad CP$$

$$C_4: P \qquad\qquad\qquad\qquad\qquad T:分离规则 C_2, C_3$$

$$C_5: Q \qquad\qquad\qquad\qquad\qquad P$$

$$C_6: P \land Q \qquad\qquad\qquad\qquad\qquad T:合取引入规则 C_4, C_5$$

$$C_7: P \land Q \to R \qquad\qquad\qquad\qquad\qquad T$$

$$C_8: R \qquad\qquad\qquad\qquad\qquad T:分离规则 C_6, C_7$$

在证明中 CP 规则是一个很重要的规则。为说明此点,下面再用一个例子说明之。

例 6.29 试证 $(P \to (Q \to R)) \to (Q \to (P \to R))$。

在此证明中:前提为空,结论为 $(P \to (Q \to R)) \to (Q \to (P \to R))$。

证明
$$C_1: P \to (Q \to R) \qquad\qquad\qquad\qquad\qquad CP$$

$$C_2: Q \qquad\qquad\qquad\qquad\qquad CP$$

$$C_3: P \qquad\qquad\qquad\qquad\qquad CP$$

$$C_4: Q \to R \qquad\qquad\qquad\qquad\qquad T:分离规则 C_1, C_3$$

$C_5 : R$ T:分离规则 C_2 , C_4

一般而言 CP 规则用于结论为蕴涵式的时候,此时可将其蕴涵式前件作前提,而只剩后件作结论,从而实现了增加已知成分减少未知成分的目的,使证明变成更为简单、方便。

6.2　谓　词　逻　辑

命题逻辑中的基本研究单位是原子命题,原子命题是不能再分割的了,但是,在对形式逻辑的进一步研究中会发现这种研究单位是非常不够的,譬如古希腊有名的亚里士多德三段论就无法用命题逻辑表示。该三段论是由三部分组成,它们是大前提、小前提及结论,其内容是由大前提与小前提可推得结论。如:

大前提:凡人必死。

小前提:苏格拉底是人。

结论:苏格拉底必死。

这种三段论在命题逻辑中是无法推得的,其主要是由于在此推理中需要对原子命题做进一步的分解,在这三个命题间存在着内在的逻辑关联,只有深入分解后才能使推理成为可能。

谓词逻辑正是为此目的,在命题逻辑基础上进一步对命题作深入分解与研究,并建立起一种新的逻辑体系称为谓词逻辑。

6.2.1　谓词逻辑的三个基本概念——个体、谓词与量词

与命题逻辑类似,我们先从自然语言讲起。一个命题一般表示一个陈述语,而一个陈述句往往有主语、谓词、宾语等成分,此外还有刻画数量与特殊关系等成分。如下面的语句:

• 中国代表团访问美国。

• 王强是大学生。

• 所有人必死。

• 有些人长寿,有些人短命。

在这些句子中,“中国代表团”“美国”“王强”“人”等都是命题中的独立客体,它可称为个体。

在这些句子中:“……访问……”“……是大学生”“……必死”“……长寿”“……短命”等都是命题中刻画个体性质与个体间关系词可称为谓词。

在这些句子中出现有“所有”“有些”等与个体数量有关词称量词。

因此,在自然语言中一般可以将一命题分解成为一个体、谓词与量词等三个部分。下面我们对这三个部分做进一步介绍。

1. 个体

个体是命题中独立的客体,它是命题的核心,命题的所有成分都是以它为讨论对象,如谓词即刻画个体的特性与关系,量词刻画个体的数量特性。因此个体无疑是命题中的最重要成分。命题中个体至少有一个也可以有多个。个体在自然语言中一般表示为专用名词、代名词等;它一般出现于主语、宾语中,如鲜花、电视机、浙江省、自然数、阿司匹林、计算机等均属个体。

在谓词逻辑中,个体可分为个体常量(或常元)与个体变量(或变元)。个体常量是一些确定的个体,而个体变量则是在某个体域内变化的个体,它们可用符号表示为

个体常量可以用小写拉丁字母 $a,b,c,\cdots$ 表示;

个体变量可以用小写拉丁字母 $x,y,z,\cdots$ 表示。

在个体变量中变量有一个变化范围称个体域,一般可用 D 表示。个体域可以是有限或无限,有时为方便起见,可以把所有个体聚集在一起构成一个统一的个体域叫全总个体域。

2. 谓词

谓词是命题中必须的成分,它刻画个体性质与关系。谓词按其与个体数量关系可分为一元谓词,二元谓词与多元谓词。一元谓词刻画一个体的性质,而二元、多元谓词则刻画二个个体及多个个体间的关系。如"……访问……"是二元谓词,它刻画两个个体间的"访问"关系。最后,无个体的谓词称零元谓词,它即是命题。

谓词在自然语言中一般表示动词、形容词及通用性的名词等,它一般出现于谓语及修饰词句中。

单纯的谓词一般没有独立语义,如"……是大学生""……访问……"均是,只有将它与个体相结合才能构成命题。如"王强是大学生""中国代表团访问美国"等。因此,一般的谓词我们都将其与个体相结合在一起。

在谓词逻辑中,可对谓词作符号化处理。谓词的符号可用大写拉丁字母 $P,Q,R,\cdots$ 表示,而用 $P(\ )$ 表一元谓词,用 $P(\ ,\ )$ 表二元谓词,可用 $P(\ ,\ ,\cdots,\ )$ 表 n 元谓词,一般为书写方便可以在谓词的空位中填以若干变元即用 $P(x),P(x,y)$ 以及 $P(x_1,x_2,\cdots,x_n)$ 分别表示一元、二元及多元谓词称谓词命名式或简称谓词。一个带个体的谓词称谓词填式,它是一个命题,因此它有真假之分,但是,只有当谓词中的个体均为确定时它的真值才能确定。

在介绍了个体和谓词后,我们即可将一个命题分解成为个体与谓词两个部分,并可符号化形式表示之。下面用几个例子说明之。

例 6.30　王强是大学生。

解　令 $P(x)$ 表示"x 是大学生";

令 a 表示王强。

则此语句可写为 $P(a)$。

例 6.31　中国代表团访问美国。

解　令 $P(x,y)$ 表"x 访问 y";

令 a 表示中国代表团;

b 表示美国。

则此语句可写为 $P(a,b)$。

但是在命题中光有个体与谓词是不够的,它还需要量词,下面我们介绍量词。

3. 量词

量词刻画个体中量的特性,这种特性包括数量的有与无;全体与部分这两种,其中刻画个体数量上的有与无的称存在量词,而刻画个体数量上全体与部分的称全称量词。

存在量词一般是那些如:"存在""有些""部分""一些"等词,而全称量词则是那些如:"全部""全体""所有""任何"等词。

在自然语言中量词表示命题中的不定代词、数词等。

在谓词逻辑中量词符号可表示为:存在量词用 $\exists x(\ )$ 表示之;而全称量词则用 $\forall x(\ )$ 表示之。其中 $\exists x(\ )$ 表示对括号内的公式存在一些个体 x 使其为真,而 $\forall x(\ )$ 表示对括号内的公式中的所有个体 x 均使其为真。其中量词后的括号给出了该量词所作用的区域叫量词辖域。而 x 称为量词的指导变元。

量词中的个体与其个体域有关,如下面的量词:

- 所有植物均进行光合作用;

- 所有学生都须上课;

- 有些工厂已濒临破产。

在这三个谓词中第一个个体的个体域是植物,第二个是学生,而第三个则是工厂,这三个量词中的个体域均不相同,因此一般在表示量词时须对其指导变元的变化范围加以说明,但有时为方便起见可用全总个体域作为统一之个体域,而每个量词中的特殊个体域则用一个一元谓词刻画其个体变化范围称特性谓词。对全称量词而言此特性谓词可作为蕴涵的前件而加入,而对存在量词而言则可作为合取式中的合取项而加入。

有了量词后,谓词逻辑的表示能力就丰富、广泛与深刻的多了。下面我们再举几个例子。

例 6.32　所有人必死。苏格拉底是人,所以他也要死。

解　令 $P(x)$ 表"x 是人";

令 $Q(x)$ 表"x 必死";

令 a 表苏格拉底

则此语句可写为 $\forall x(P(x) \rightarrow Q(x)) \wedge P(a) \rightarrow Q(a)$。

例 6.33 有些人长寿,有些人短命。

解 令 $P(x)$ 表示"x 是人";

令 $Q(x)$ 表示"x 长寿";

令 $R(x)$ 表示"x 短命";

此语句可以表示为 $\exists x(P(x) \wedge Q(x)) \wedge \exists x(P(x) \wedge R(x))$。

6.2.2 谓词逻辑中的个体变元补充概念——自由变元与约束变元

在谓词逻辑中有了三个基本概念后,命题一般就可以分解成为三个基本部分,通过它们可以很方便地表示命题,但是从概念上讲还不够完整,还须做一些重要的补充,如须对个体变元作进一步的探讨。

在一个命题中,往往有多个个体变元,它们有的由量词约束而有的则无量词约束,它们分别称为约束变元与自由变元。这两种个体变元是有很大不同的,其区别如下:

1. 约束变元

量词中所引入的个体变元称约束变元,这种个体变元看似变元但实际上已受制于量词,因此在命题中如个体变元是约束的,则该命题为命题常量,如例 6.32 中"所有人必死"可表示为 $\forall x(P(x) \rightarrow Q(x))$ 其中 x 为约束变元,因此该命题是命题常量且为 T。

2. 自由变元

在命题中不受量词约束的个体变元称自由变元,自由变元才是真正的变元,在命题中只有自由变元确定后整个命题才是确定的。

另外,约束变元有一个作用的范围,这就是它的辖域,只有在辖域内的变元才是约束的,超出了辖域就不是约束的了。

例 6.34 $\forall x(P(x) \rightarrow \exists y(R(x,y)))$。

此公式中 x 与 y 均是约束的,其中 x 的辖域为:$P(x) \rightarrow \exists y(R(x,y))$,而 y 的辖域为:$R(x,y)$。

例 6.35 $\exists x(P(y))$。

此公式中 y 是自由的,x 虽是约束的但在辖域内无 x 出现。

例 6.36 $\forall x(P(x)) \vee Q(x)$。

此公式中 x 既是约束的,又是自由的,在量词 $\forall x$ 中 x 的辖域为 $P(x)$,因此此中 x 是约束的,而 $Q(x)$ 中的 x 在辖域之外,因此是自由的。

由上例中可以看出,公式中一个变元既是约束的又是自由的是允许的。但是,为表示上的方便与统一,我们今后规定,在一公式中所有不同变元须有不同符号表示。如不符合此要求均要对变元符号做更改。更改有两种,一种称为改名,另一种称为代入。下面对它们进行介绍。

1. 改名

约束变元的更改称改名,改名须遵守的一定之规称改名规则。改名规则有如下两条:

(1)改名时需要更改变元符号的范围是量词中的变元以及该量词辖域中此变元所有约束出现处,而公式其余部分不变。

(2)改名时所新更改的符号一定在量词辖域内没有出现过,同时在公式内其他处也没有出现过。

例 6.37 对 $\forall x(P(x) \to Q(x,y))$ 中 x 改名,下面的改名是正确的:

$$\forall z(P(z) \to Q(z,y))$$

而下面的改名是不正确的:

$$\forall y(P(y) \to Q(y,y))$$

2. 代入

自由变元的更改称代入,代入须遵守的一定之规称为代入规则,代入规则有如下两条:

(1)代入时须在公式中出现该自由变元的每一处进行。

(2)代入时所用的新变元符号不允许在公式中它处出现。

例 6.38 对公式 $\exists x(P(y)) \wedge Q(x,y))$ 中 y 进行代入。下面的代入是正确的:

$$\exists x(P(z)) \wedge Q(x,z))$$

而下面的代入则不正确:

$$\exists x(P(x)) \wedge Q(x,x))$$
$$\exists x(P(z)) \wedge Q(x,y))$$

6.2.3 谓词公式

在将命题逻辑中的命题进一步分解为个体、谓词、量词后,命题公式的概念也随之扩大成为谓词公式。从现在起我们将摆脱自然语言,逐步建立谓词逻辑形式化系统,而其首要步骤即是构造谓词公式。

1. 常用符号

首先介绍逻辑公式中所使用的 7 种符号。

(1)个体常量: $a,b,c,\cdots$;

(2)个体变量: $x,y,z,\cdots$;

(3)谓词符: $P,Q,R,\cdots$;

(4)联结词: $\neg, \wedge, \vee, \to, \leftrightarrow$;

(5)量词符:∃,∀;

(6)括号:( )。

2. 公式组成

定义 6.13　原子公式

设 P 是 n 元谓词符,$t_1,t_2,\cdots,t_n$ 为个体,则 $P(t_1,t_2,\cdots,t_n)$ 是原子公式。

定义 6.14　谓词逻辑合式公式(简称谓词公式或公式)

(1)原子公式是公式;

(2)如 A 是公式,则 $(\neg A)$ 是公式;

(3)如 A,B 是公式,则 $(A \vee B)$,$(A \wedge B)$,$(A \rightarrow B)$ 及 $(A \leftrightarrow B)$ 是公式;

(4)如 A 是公式,x 是个体变元,则 $(\forall x A)$,$(\exists x A)$ 为公式;

(5)公式由且仅由有限次使用(1)~(4)而得。

一个公式即是用七种符号按上面两个定义所确定的规则所组成的符号串。

在公式中的括号可按命题逻辑中的方法省略,在量词的辖域中 $\forall x$ 与 $\exists x$ 的结合能力最强。

由定义可知,命题公式是谓词公式的特例。

有了谓词公式后可以表示与刻画自然语言与形式思维中的多种形态与内在含义。

例 6.39　没有不犯错误的人。

解　令 $P(x)$ 表示"x 犯错误";

令 $M(x)$ 表示"x 是人";

此时该语句可表示为:$\neg \exists x(M(x) \wedge \neg P(x))$。

例 6.40　人人为我,我为人人

解　令 $P(x,y)$ 表示"x 为 y 服务";

令 a 表示我;

此时该语句可表示为 $\forall x P(x,a) \wedge \forall x P(a,x)$。

例 6.41　凡实数不是大于零就是等于零或小于零。

解　令 $>(x,y)$ 表示"$x>y$";

$<(x,y)$ 表示"$x<y$";

$=(x,y)$ 表示"$x=y$";

$R(x)$ 表示"x 是实数";

此时该语句可表示为:$\forall x(R(x) \rightarrow >(x,0) \vee =(x,0) \vee <(x,0))$。

例 6.42　某些人对某些食物过敏。

解　令 $P(x,y)$ 表示"x 对 y 过敏";

令 $H(x)$ 表示"x 是人";

令 $G(x)$ 表示"x 是食物"。

此时该语句可表示为:$\exists x \exists y(H(x) \wedge G(y) \wedge P(x,y))$。

例 6.43　每个人都有缺点。

解　令 $P(x,y)$ 表示"x 都有 y";

令 $H(x)$ 表示"x 是人";

令 $G(x)$ 表示"x 是缺点"。

此时该语句可表示为:$\forall x \exists y(H(x) \rightarrow G(y) \wedge P(x,y))$。

例 6.44　尽管有人聪明,但未必一切人都聪明。

解　令 $P(x)$ 表示"x 聪明";

令 $H(x)$ 表示"x 是人";

此时该语句可表示为$\exists x(H(x) \wedge P(x)) \wedge \neg(\forall x(H(x) \rightarrow P(x)))$。

6.2.4　谓词逻辑的永真公式

谓词逻辑公式是一个符号串,没有语义,只有给以具体的解释才能具有分辨真假的可能。

定义 6.15　公式的解释:一个公式的解释 I 由下面的四个部分组成:

(1)给每个个体变量指定一个个体域 D;

(2)给每个个体常量指派一个个体域中的值 K;

(3)给每个个体谓词指定一个从 $D^n \rightarrow \{T,F\}$ 的映射。

公式经解释后才有具体的意义,当然,这种解释可以有多个。下面用一例以说明解释:

例 6.45　对公式:$\forall x \forall y \forall z \exists u \exists v \exists z_w \exists t(P(x,y,u) \wedge P(u,z,v) \wedge P(y,z,w) \wedge P(x,w,t) \rightarrow E(v,t))$,可以给出一个解释:

(1)个体域:个体变元的个体域 D 均为整数域;

(2)三元谓词 $P(x,y,z)$:整数加运算,即 $x+y=z$;

(3)二元谓词"$E(x,y)$":整数相等性关系。

这个解释是一个整数加半群且为真。

一个公式可以有很多解释,其中的三种公式是我们特别感兴趣的,它们是永真公式、矛盾式及可满足公式。

定义 6.16　永真公式:公式 A 在所有解释下均为 T 则称其为永真分式。

定义 6.17　永假公式:公式 A 在所有解释下均为 F 则称其为永假公式或称矛盾式。

定义 6.18　可满足式:公式 A 至少有一种解释使其为 T 则称其为可满足公式。

与命题逻辑一样,在谓词逻辑中也重点讨论永真公式。

定义 6.19　等价永真公式:设 A,B 为公式,如有 $A \leftrightarrow B$ 为永真公式则称其为等价永

真公式,可写为

$$A \Leftrightarrow B$$

称 A 与 B 相等,或称为 A 与 B 的等式,并记为

$$A = B$$

定义 6.20　蕴涵永真公式:设 A、B 为公式,如有 $A \rightarrow B$ 为永真公式则称其为蕴涵永真公式,可写为

$$A \Rightarrow B$$

下面介绍谓词逻辑中的一些常用的基本等式及蕴涵永真公式。它们共分为 6 组:

(1)量词间的转化等式:

$P_1 : \neg(\forall x P(x)) = \exists x(\neg P(x))$;

$P_2 : \neg(\exists x P(x)) = \forall x(\neg P(x))$。

这两个等式说明:

- 在谓词逻辑中只要有一个量词就足够了;
- 量词外的否定符可深入量词辖域内,反之亦然。

例 6.46　"有些人没有到校上课"与"不是所有人都到校上课"有相同的含义。

(2)量词辖域的收缩与扩充的等式:

$P_3 : \forall x P(x) \lor Q = \forall x(P(x) \lor Q)$;

$P_4 : \forall x P(x) \land Q = \forall x(P(x) \land Q)$;

$P_5 : \exists x P(x) \lor Q = \exists x(P(x) \lor Q)$;

$P_6 : \exists x P(x) \land Q = \exists x(P(x) \land Q)$。

(其中 Q 内不出现 x)

这四个等式说明:量词辖域可扩充至与该量词变元无关的区域,对辖域收缩也有相似结论。

(3)多个量词间的次序排序的等式:

$P_7 : \forall x \, \forall y P(x, y) = \forall y \, \forall x(P(x, y))$;

$P_8 : \exists x \, \exists y P(x, y) = \exists y \, \exists x(P(x, y))$;

$P_9 : \exists x \, \forall y P(x, y) \Rightarrow \forall y \, \exists x(P(x, y))$。

这三个公式说明:相同量词间与排列次序无关。但不同量词间的排序次序则有时会有关。

例 6.47　"对所有自然数 x 及所有自然数 y 都有 $x + y \geqslant 0$"与"对所有自然数 y 及所有自然数 x 都有 $x + y \geqslant 0$"有相同含义。

例 6.48　"一些鸭子与一些鸡关在同一笼子里"与"一些鸡与一些鸭子关在同一笼子里"有相同含义。

例 6.49　"有些动物为所有人所喜欢"必可知有"每个人喜欢一些动物";但反之,"每个人喜欢一些动物"不一定有:"有些动物为所有人所喜欢"。

（4）量词的添加与除去的等式：

$P_{10}:\forall xP(x)\Rightarrow P(x)$；

$P_{11}:P(x)\Rightarrow\exists xP(x)$。

这两个等式说明：全称量词可以除去,存在量词可以添加;但反之不然。

例 6.50　由"所有的猫吃老鼠"必可知:"猫吃老鼠"。

（5）量词辖域的扩充与收缩的等式（续）：

$P_{12}:\forall xP(x)\rightarrow Q=\exists x(P(x)\rightarrow Q)$；

$P_{13}:\exists xP(x)\rightarrow Q=\forall x(P(x)\rightarrow Q)$；

$P_{14}:Q\rightarrow\forall xP(x)=\forall x(Q\rightarrow P(x))$；

$P_{15}:Q\rightarrow\exists xP(x)=\exists x(Q\rightarrow P(x))$。

（6）量词与联结词间关系的等式：

$P_{16}:\forall x(P(x)\wedge Q(x))=\forall x(P(x)\wedge\forall xQ(x)$；

$P_{17}:\exists x(P(x)\vee Q(x))=\exists x(P(x)\vee\exists xQ(x)$。

这两等式说明：全称量词对 $\wedge$;存在量词对 $\vee$ 满足"分配律"。

例 6.51　"今天所有人既跳舞又唱歌"与"今天所有人跳舞与今天所有人唱歌"有相同含义。

例 6.52　"有些人将去旅游或探亲"与"有些人旅游或有些人探亲"有相同含义。

$P_{18}:\exists x(P(x)\wedge Q(x))\Rightarrow\exists xP(x)\wedge\exists xQ(x)$；

$P_{19}:\forall xP(x)\vee\forall xQ(x)\Rightarrow\forall x(P(x)\vee Q(x))$。

这两公式说明：全称量词对 $\vee$;存在量词对 $\wedge$ 单向满足"分配律"。

例 6.53　由"今天所有人都跳舞或今天所有人都唱歌"必可知"今天所有人都跳舞或唱歌"。但反之则不成立。

例 6.54　由"存在有这样的人他既喜欢跳舞又喜欢唱歌"必可知有:"存在有这样的人他喜欢跳舞并且存在有这样的人他喜欢唱歌";但反则不成立。

$P_{20}:\forall x(P(x)\Rightarrow\exists x(P(x)$；

$P_{21}:\forall x(P(x)\rightarrow Q(x))\Rightarrow\forall xP(x)\rightarrow\forall xQ(x)$；

$P_{22}:\forall x(P(x)\rightarrow Q(x))\Rightarrow\exists xP(x)\rightarrow\exists xQ(x)$。

以上 22 个等式与蕴涵永真公式是以后常用的公式,对它们的正确性须用证明的方法实现,我们将会在后面对其作部分的证明,但不做全面介绍。

6.2.5　谓词逻辑的等式推理

谓词逻辑的等式推理与命题逻辑等式推理类似,它以基本等式为基础建立起谓词逻

辑的一种推理的形式化系统称谓词逻辑等式推理或称等式演算。它也由三部分组成:

(1)基本等式

谓词逻辑的基本等式保留了命题中的 43 个等式并增加了 $P_1 \sim P_8$,$P_{12} \sim P_{17}$,即共有等式 57 个。

(2)推理规则

保留了命题逻辑中的代入规则与替换规则。所不同的是将其概念扩充到谓词逻辑中。如在代入规则中所代入的由原命题扩充成为谓词填式;在替换规则中原有等式是命题逻辑等式而现在则为谓词逻辑等式。

此外,还包括约束变元改名规则与自由变元代入规则亦即是一公式经变元改名或代入后与原公式相等。

(3)推理过程

保留了命题逻辑中的推理过程,所不同的是将其概念扩充到谓词逻辑中。

这样我们就可以对谓词逻辑作等式推理。

例 6.55　试证明:$\exists x(P(x) \rightarrow Q(x)) = \forall x(P(x) \rightarrow \exists x Q(x))$

证明　$\exists x(P(x) \rightarrow Q(x)) = \exists x(\neg P(x) \vee Q(x))$　　　（等式(36)及替换、代入规则）

$\qquad\qquad = \exists x(\neg P(x)) \vee \exists x Q(x)$　　（P_{17} 及代入规则）

$\qquad\qquad = \neg(\forall x P(x)) \vee \exists x Q(x)$　　（P_1 及替换规则）

$\qquad\qquad = \forall x P(x) \rightarrow \exists x Q(x)$　　（等式(36)及代入规则）

例 6.56　试证明:$\exists x \exists y(P(x) \rightarrow Q(y)) = \forall x P(x) \rightarrow \exists y Q(y)$

证明　$\exists x \exists y(P(x) \rightarrow Q(y)) = \exists x \exists y(\neg P(x) \vee Q(y))$　　（等式(36)及替换、代入规则）

$\qquad\qquad = \exists x(\neg P(x)) \vee \exists y Q(y)$　　（P_5 及替换、代入规则）

$\qquad\qquad = \neg \forall x P(x) \vee \exists y Q(y)$　　（P_1 及替换、代入规则）

$\qquad\qquad = \forall x P(x) \rightarrow \exists y Q(y)$　　（等式(36)及代入规则）

例 6.57　试证明:$\forall x P(x) \wedge \exists y Q(y) = \forall y P(y) \wedge \exists x Q(x)$

证明　$\forall x P(x) \wedge \exists y Q(y) = \forall z P(z) \wedge \exists y Q(y)$　　　　（变元改名规则）

$\qquad\qquad = \forall z P(z) \wedge \exists x Q(x)$　　　　（变元改名规则）

$\qquad\qquad = \forall y P(y) \wedge \exists x Q(x)$　　　　（变元改名规则）

在谓词逻辑中共有 14 个等式,这 14 个等式的证明往往可按次序用前面的等式推出后面的等式,下面我们举一个例,在此例中可用 P_{16} 以证明 P_{17}。

例 6.58　试证明 P_{17}:$\exists x(P(x) \vee Q(x)) = \exists x P(x) \vee \exists x Q(x)$

证明　$\exists x(P(x) \vee Q(x))$

$\qquad\qquad = \exists x(\neg(\neg P(x) \wedge \neg Q(x)))$　　（等式(10),(11)及替换、代入规则）

$\qquad\qquad = \neg(\forall x(\neg P(x) \wedge \neg Q(x)))$　　（P_1 及代入规则）

$$= \neg (\forall x (\neg P(x)) \wedge \forall x (\neg Q(x))) \quad (P_{16} 及代入、替换规则)$$

$$= \exists x P(x) \vee \exists x Q(x) \qquad (等式(10),(12),P_1 及替换、代入规则)$$

6.2.6 谓词逻辑的蕴涵推理

与命题逻辑类似,谓词逻辑的蕴涵推理简称推理,也可称谓词演算,它是一种形式化系统,它也由三部分组成:

1. 前提

谓词逻辑的前提是一些谓词公式,它们可假设为真。

2. 结论

结论也是谓词公式,它通过证明确定其为真。

3. 推理过程

它称证明,包括推理规则与推理方法,推理方法与命题逻辑推理方法一致,而推理规则是命题逻辑蕴涵推理规则的扩充,即包括命题逻辑中的等式(63)～(74)的推理规则,以及等式(44)～(62)、等式(1)～(43)等所能转换成的推理规则。而谓词逻辑等式推理中的推理规则,在此中亦适用。此外,它主要的推理规则来自谓词逻辑自身,它由两部分组成:

(1)由 $P_1 \sim P_{22}$ 转换而成。

(2)它有四个重要的推理规则:

①全称指定规则(US):

$$\forall x P(x) \vdash P(y)(或:\forall x P(x) \vdash P(c))$$

此规则使用时要求:

• y 是任意不在 $P(x)$ 中除 x 外约束出现的变元。

• c 为个体常量。

意义:如果 $\forall x P(x)$ 为真,那么对 x 的个体域中任一个体 y 均有 $P(y)$ 为真。同时对 x 的个体域中任一常量 c 为真。

②存在指定规则(ES):

$$\exists x P(x) \vdash P(e)(或:\exists x P(x) \vdash P(c))$$

此规则使用时要求:

• c 是使 $P(x)$ 为真的个体常量,它不在 P 中出现过。

• e 称额外变元,它是一种额外假设的自由变元,它的变化范围是使对 $P(x)$ 为真的那些个体 e 不在 P 中出现过。

• $P(x)$ 中除 x 外,还有其他自由出现的个体变元时,不能用此规则。

意义:如 $\exists x P(x)$ 为真则必存在 x 中的一些个体 e(一个个体 c),使 $P(e)(P(c))$ 为真。

③全称推广规则(UG):

$$P(x) \vdash \forall y P(y)$$

此规则使用时要求：

- 在用 CP 时前提中所出现的自由变元不能用此规则；

- x 为常量及额外变元时不能使用此规则；

- 公式中含有额外变元则此公式所出现的自由变元也不能使用此规则；

- 约束变量 y 不能在 P 中约束出现过。

意义：如对任意个体 x 都有 $P(x)$ 为真则 $\forall y P(y)$ 必为真。

④存在推广规则（EG）：

$$P(x) \vdash \exists y P(y)（或 \ P(c) \vdash \exists y P(y)）$$

此规则使用时要求：

- x 为个体变量或额外变元，c 为个体常量；

- 取代 x 及 c 的 y 不能在 P 中约束出现过。

意义：如对个体变量或额外变元 x 以及常量 c 使 $P(x)$ 为真则必有 $\exists y P(y)$ 为真。

这四个规则十分重要，它们的作用是在推理过程中首先用 US 与 ES 消去量词，接着按命题逻辑中的蕴涵推理方法进行，最后再用 UG 与 ES 恢复量词。这样，就能做到用命题逻辑的推理取代谓词逻辑推理的目的。但在使用时需按使用要求严格执行。

例 6.59 前提：$\forall x(P(x) \rightarrow Q(x))$；

$$\forall x P(x)。$$

试证明：$\forall x Q(x)$。

证明

$C_1：\forall x(P(x) \rightarrow Q(x))$	P
$C_2：P(x) \rightarrow Q(x)$	T：US：C_1
$C_3：\forall x P(x)$	P
$C_4：P(x)$	T：US：C_3
$C_5：Q(x)$	T：分离规则：C_2、C_4
$C_6：\forall x Q(x)$	T：UG：C_5

例 6.60 前提：$\exists x \ \forall y P(x,y)$。

试证明：$\forall y \ \exists x P(x,y)$。

证明

$C_1：\exists x \ \forall y P(x,y)$	P
$C_2：\forall y P(e,y)$	T：ES：C_1
$C_3：P(e,y)$	T：US：C_2
$C_4：\exists x P(x,y)$	T：EG：C_3
$C_5：\forall y \ \exists x P(x,y)$	T：UG：C_4

例 6.61 试证明："凡人必死，苏格拉底是人，故苏格拉底必死"。

解　令 $P(x)$ 表: x 必死;

令 $H(x)$ 表: x 是人;

令 a 表苏格拉底。

此语句证明的前提是: $\forall x(H(x) \rightarrow P(x))$

$$H(a)$$

待证结论是: $P(a)$。

证明　$C_1: \forall x(H(x) \rightarrow P(x))$ 　　　　　　　P

　　　　$C_2: H(a) \rightarrow P(a)$ 　　　　　　　T:US: C_1

　　　　$C_3: H(a)$ 　　　　　　　P

　　　　　$C_4: P(a)$ 　　　　　　　T:分离规则: C_2, C_3

例 6.62　试证明:有些学生相信所有的教师,任何学生都不相信骗子,是否由此两语句推得:教师都不是骗子。

解　令 $S(x)$ 表"x 是学生";

令 $T(x)$ 表"x 是教师";

令 $P(x)$ 表"x 是骗子";

令 $L(x,y)$ 表"x 相信 y"。

此时的前提为: $\exists x(S(x) \wedge \forall y(T(y) \rightarrow L(x,y)))$;

$$\forall x(S(x) \rightarrow \forall y(P(y) \rightarrow L(x,y)))。$$

结论为: $\forall x(T(x) \rightarrow \neg P(x))$。

证明　$C_1: \exists x(S(x) \wedge \forall y(T(y) \rightarrow L(x,y)))$ 　　　　P

　　　　$C_2: S(e) \wedge \forall y(T(y) \rightarrow L(e,y))$ 　　　　T:ES: C_1

　　　　$C_3: S(e)$ 　　　　T:(15): C_2

　　　　$C_4: \forall y(T(y) \rightarrow L(e,y))$ 　　　　T:(15): C_2

　　　　$C_5: T(z) \rightarrow L(e,z)$ 　　　　T:US: C_4

　　　　$C_6: \forall x(S(x) \rightarrow \forall y(P(y) \rightarrow \neg L(x,y)))$ 　　　　P

　　　　$C_7: S(e) \rightarrow \forall y(P(y) \rightarrow \neg L(e,y))$ 　　　　T:US: C_6

　　　　$C_8: \forall y(P(y) \rightarrow \neg L(e,y))$ 　　　　T:分离规则: C_3, C_7

　　　　$C_9: P(z) \rightarrow \neg L(e,z)$ 　　　　T:US: C_8

　　　　$C_{10}: L(e,z) \rightarrow \neg P(z)$ 　　　　T:(39)、(10): C_9

　　　　$C_{11}: T(z) \rightarrow \neg P(z)$ 　　　　T:假言三段论: C_5, C_{10}

　　　　$C_{12}: \forall x(T(x) \rightarrow \neg P(x))$ 　　　　T:UG: C_{11}

注意:在使用 US、UG、ES 及 EG 时需严格按照使用要求执行,否则会出现错误,下面举一个错误证明的例子:

例 6.63 前提:$\exists x P(x)$。

试证明$\forall x P(x)$。

证明 (1)$\exists x P(x)$ P

(2)$P(e)$ T:ES:(1)

(3)$\forall x P(x)$ T:UG:(2)

此证明是错误的,主要是在(3)中错误应用了 UG 规则。

*6.3   自动推理——消解原理介绍

在蕴涵推理中介绍了形式化推理方法,它为人类推理思维提供了一种符号化的方法,它从理论上科学地总结了演绎推理规则,为人类解决众多脑力活动提供了指导。但这还不够,进一步,还须找到一种统一的推理算法,有了这种算法后即可将算法用计算机实现,从而使人类推理思维机械化,这就是自动推理,也称为自动定理证明。

解决自动定理证明的核心问题是统一的推理算法,这种算法是 1965 年由美国数理逻辑学家罗宾逊(Robinson)所发现并证明为可行的,这种算法叫消解原理(Resolution Principle)。在此基础上法国马赛大学的柯尔密勒(Colmerauer)设计并实现了一种逻辑程序设计语言 prolog(Programming in Logic)以及它的解释系统。用它在计算机上实现自动推理。

这样,现实世界中的问题只要能用逻辑公式表示,就可将它写成 PROLOG 程序,然后用计算机实现,其过程可见图 6.1。通过此方式可用计算机解决 PROLOG 很多脑力活动问题。

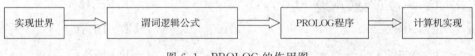

图 6.1 PROLOG 的作用图

在本节中我们介绍自动定理证明的主要算法——消解原理以及 PROLOG 语言。

6.3.1   范式

范式是公式的一种标准、规范的形式,由于范式的这种特性,因此在数理逻辑研究中一般都用范式讨论,这也包括在消解原理中也用范式讨论。在数理逻辑中有两种范式,它们是命题公式范式与谓词公式范式,常用的分别称为合取范式与斯科林范式。

定义 6.21   合取范式:合取范式是一种命题公式的标准形式,在此式内不出现联结词$\rightarrow$及$\leftrightarrow$,否定符号仅只出现在命题变元前。它是一个合取式,式中的每个合取项是个析取式,每个析取式中只包含命题变元或命题变元的否定。

例 6.64   公式$Q \vee \neg(P \rightarrow Q) \vee \neg(P \vee Q)$的合取范式为:$(Q \vee P \vee \neg P) \wedge (Q \vee \neg Q)$。

定义 6.22　斯科林范式:斯科林范式是一种谓词公式的标准形式,此式分两个部分,其前面部分称首部,它全部由全称量词组成;其后面部分称尾部,它具有合取范式之形式。

例 6.65　公式 $(\forall x(P(x) \lor \exists y R(y)) \to \forall x F(x)$ 的斯科林范式为

$$\forall y\, \forall z((\neg P(e) \lor F(z)) \land (\neg R(y) \lor F(z)))$$

任何一个命题公式或谓词公式都可转换成为合取范式或斯科林范式。

6.3.2　谓词公式的进一步规范——子句与子句集

为便于在计算机上推理,我们有必要对公式进一步规范化,其过程如下:

(1)将公式转换成为斯科林范式。

(2)用 US 除去公式中的全称量词。

(3)将每个合取项用蕴涵式表示,这种蕴涵式称为子句。

(4)最后,一公式可用一子句集表示。

例 6.66　试将公式 $\exists x\, \forall y(\neg A(x,y) \lor B_1(x,y) \land B_2(x,y))$ 用子句集表示。

(1)公式转换成斯科林范式:

$$\exists x\, \forall y(\neg A(x,y) \lor B_1(x,y) \land B_2(x,y))$$
$$= \forall y((\neg A(e,y) \lor B_1(e,y)) \land (\neg A(e,y) \lor B_2(e,y)))$$

(2)除去全称量词:

上述公式可成为:

$$(\neg A(e,y) \lor B_1(e,y) \land (\neg A(e,y) \lor B_2(e,y))$$

(3)合取项转换成子句形:

上述公式可成为:

$$(A(e,y) \to B_1(e,y)) \land (A(e,y) \to B_2(e,y))$$

(4)用子句集表示:

上述公式可成为:

$$\{A(e,y) \to B_1(e,y), A(e,y) \to B_2(e,y)\}$$

这样,一个公式总可用一子句集表示,而子句的形式单一,又具蕴涵形式,易于推理,所以非常适合在计算机推理中使用。

下面我再讨论子句形式问题。对任一个含 n 个原子命题的合取项,它有 k 个带否定符的命题,它有 $n-k$ 在个不带否定符的命题:

$$\neg A_1 \lor \neg A_2 \lor \cdots \lor \neg A_k \lor A_{k+1} \lor \cdots \lor A_n$$

对此合取项总可化归成如下的蕴涵式,使蕴涵式中无否定符出现:

$$\neg A_1 \lor \neg A_2 \lor \cdots \lor \neg A_k \lor A_{k+1} \lor \cdots \lor A_n$$
$$= \neg(A_1 \land A_2 \land \cdots \land A_k) \lor (A_{k+1} \lor \cdots \lor A_n)$$
$$= A_1 \land A_2 \land \cdots \land A_k \to A_{k+1} \lor \cdots \lor A_n$$

为推理方便可写成

$$A_{k+1} \vee A_{k+2} \vee \cdots \vee A_n \leftarrow A_1 \wedge A_2 \wedge \cdots \wedge A_k$$

或写成

$$A_{k+1}, A_{k+2}, \cdots, A_n \leftarrow A_1, A_2, \cdots, A_k$$

这个公式是子句的标准形式。

有几种特殊的子句：

(1) Horn 子句：当 $k = n-1$ 时称此子句为 Horn 子句，Horn 子句具下面的形式：

$$A_n \leftarrow A_1, A_2, \cdots, A_{n-1}$$

(2) 断言：当 Horn 子句中 $n = 1$，称此子句为断言，断言具有下面的形式：

$$A_n \leftarrow$$

(3) 假设：在 Horn 子句中当 $k = n$ 时称此子句为假设，假设具有下面的形式：

$$\leftarrow A_1, A_2, \cdots, A_n$$

(4) 空子句：在 Horn 子句中当 $n = 0$ 时称此子句为空子句，空子句可写成为：

$$\{\leftarrow\} \quad \text{或} \quad \square$$

由于在推理中可由 Horn 子句得出唯一的结论，因此 Horn 子句的作用很大。

6.3.3　消解原理

消解原理是用反证推理方法实现的一种算法，它是自动定理证明的理论基础。在谓词逻辑证明中，已知部分以子句集表示，而待证成分即为定理。

设已知子句集为 $S = \{E_1, E_2, \cdots, E_n\}$，其中 $E_i (i = 1, 2, \cdots, n)$ 均为子句，而待证的定理为 E，下面分几个步骤讨论。

1. 证明方法——反证法

由子句集 S 推出 E 相当于由 $S \cup \{\neg E\}$ 推得空子句 $\square$。

2. 证明的算法基础——消解原理与反驳法

定理 6.1　设有永真公式：

$$A_k + 1, A_k + 2, \cdots, A_n \leftarrow A_1, A_2, \cdots, A_k,$$
$$B_{h+1}, B_{h+2}, \cdots, B_m \leftarrow B_1, B_2, \cdots, B_h,$$

当 $A_j = B_i (i < h+1 \text{ 且 } j > k)$ 时则必有永真公式：

$B_{h+1}, B_{h+2} \cdots, B_m, A_k + 1, \cdots, A_{j-1}, A_{j+1}, \cdots, A_n \leftarrow A_1, A_2, \cdots, A_k, B_1, B_2, \cdots, B_{j-1},$ $B_{i+1}, \cdots, B_{m-1}$

当 $Aj = Bi (i > h \text{ 且 } j < k+1)$ 时也会有类似的永真公式。

推论　由 $\{P \leftarrow, \leftarrow P\}$ 可得空子句 $\square$。

此定理告诉了我们：

(1)两子句不同的两边如有相同命题则可以消去,这是消解原理的基本思想,此方法叫反驳法。

(2)由推论可知,由 P 与 $\neg P$ 可得空子句。

这样我们可以得到一种新的证明方法,即由 S 为公理系统证明 E 为定理的过程可改为:

(1)做 $S'=S\cup\{\neg E\}$,为已知;

(2)从 $\neg E$ 开始在 S' 内不断使用反驳法。

(3)最后出现空子句则结束。

在此定理证明中仅使用一种方法即反驳法。反驳法的具体过程如下:

(1)寻找两子句不同端的相同命题,此过程称为匹配。为使匹配成功必需适当调整谓词中的变元。

(2)找到后进行消去且将两子句合并。

这样,谓词逻辑中任何证明变得十分简单,这为计算机定理证明从理论上做好了准备。

例 6.67 试证 $(\neg S\vee R)\wedge(\neg Q\vee\neg R\vee P)\vdash(\neg S\wedge\neg Q)\wedge P$。

证明 由 $(\neg S\vee R)\wedge(\neg Q\vee\neg R\vee P)$ 可得子句集:

$$S=\{R\leftarrow S,P\leftarrow Q,R\}.$$

而 $(\neg S\wedge\neg Q)\wedge P$ 的否定可表示成:

$$S,Q\leftarrow P$$

构造一个新集合:

$$S'=\{R\leftarrow S,P\leftarrow Q,R,S,Q\leftarrow P\}$$

从 $S,Q\leftarrow P$ 开始用反驳法:

$$\begin{cases}S,Q\leftarrow P\\P\leftarrow Q,R\end{cases}\quad 可得:S\leftarrow R$$

$$\begin{cases}S\leftarrow R\\R\leftarrow S\end{cases}\quad 可得:\square$$

定理得证。

例 6.68 试证:$R\wedge Q\wedge(P\vee\neg Q\vee\neg R)\vdash P$。

证明 由 $R\wedge Q\wedge(P\vee\neg Q\vee\neg R)$ 可得子句集:

$$S=\{P\leftarrow Q,R,R\leftarrow,Q\leftarrow\}$$

构造新子句集:

$$S'=\{P\leftarrow Q,R,R\leftarrow,Q\leftarrow,\leftarrow P\}$$

由 $\leftarrow P$ 开始用反驳法:

$$\begin{cases} \leftarrow P \\ P \leftarrow Q, R \end{cases} \quad 可得: \leftarrow Q, R$$

$$\begin{cases} \leftarrow Q, R \\ Q \leftarrow \end{cases} \quad 可得: \leftarrow R$$

$$\begin{cases} \leftarrow R \\ R \leftarrow \end{cases} \quad 可得: \square$$

定理得证。

例 6.69 设有一组父母亲和祖父母的客观事实,要求某些祖孙关系:

Father(John, Ares)← E_1

Father(Ares, Bob)← E_2

Mather(Marry, Ares)← E_3

Mather(Aun, Bob)← E_4

Parent(x, y)←Father(x, y) E_5

Parent(x, y)←Mather(x, y) E_6

Grandparent(x, y)←Parent(x, z), Parent(z, y) E_7

要求证:Grandparent(John, Bob)←。

证明 用消解法,采用匹配方式,即为使两个谓词相同,对谓词中个体作适当的变更(为书写方便对谓词及姓名都选用其第一个字母):

$$\leftarrow G(J, B)$$
$$\Big| E_7$$
$$\leftarrow P(J, Z), P(Z, B)$$
$$\Big| E_5$$
$$\leftarrow F(J, Z), P(Z, B)$$
$$\Big| E_5$$
$$\leftarrow F(J, Z), F(Z, B)$$
$$\Big| E_1$$
$$F(A, B)$$
$$\Big| E_2$$
$$\square$$

6.3.4　PROLOG 语言简介

应用自动定理证明的方法可以用计算机实现自动推理,其中著名的一个是 PROLOG 语言。该语言是以谓词逻辑为其表现形式,以消解原理为算法基础研制而成的一种逻辑程序设计语言,它用 Horn 子句为基本表示语句,一共有三个主要语句,其具体可见表 6.8。

表 6.8 **PROLOG 的三个语句**

语句名	事实(fact)	规则(rule)	询问(guery)
形式	P_i	$P_1:-P_2,P_3,\cdots,P_n$	$?-P_1,P_2\cdots,P_n$
逻辑含义	$P_i\leftarrow$(断言)	$P_1\leftarrow P_2,\cdots,P_n$(Horn 子句)	$P_1\leftarrow P_2,\cdots,P_n$(假设)
语义	P_i为真	若 $P_2,P_3,\cdots,P_n$为真,则 P_1 为真	$P_1\wedge P_2\wedge\cdots\wedge P_n$为真?

整个 PROLOG 程序由两部分组成,它们分别称为数据库与提问。数据库由事实与规则组成,它相当于给定的已知条件,提问用询问语句表示,它相当于定理。

例 6.70 一个数据库例子。

(1)likes(john,food)

(2)likes(john,wine)

(3)likes(marry,wine)

(4)likes(marry,food)

(5)likes(john,x):—likes(x,wine)

对这个数据库可以提问,提问有两种形式,一种叫 Yes/No 形式,即对所提的询问,系统只回答是或否,例如可作如下提问:

? —likes(john,wine),

系统回答:yes。

? —likes(john,marry),

系统回答:yes。

? —likes(marry,john),

系统回答:no

另一种提问是根据提问要求给出满足条件的答案,如:

? —likes(john,x),

系统首先给出一个答案:$x=$food.

用户如继续需得到答案,只要打个逗号,系统又给出一个答案,这样直到所有答案均给出后,系统打印 *no*,表示答案结束,下面给出上询问的全部结果:

$$? —likes(john,x)$$

$$x=food;$$

$$x=wine;$$

$$x=marry;$$

$$no$$

例 6.71 图 6.2 的连通性可用下面的数据库表示:

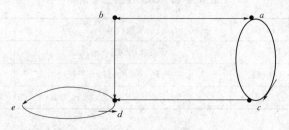

图 6.2　通路示意图

$$\text{Connected}(a,b)$$
$$\text{Connected}(a,c)$$
$$\text{Connected}(d,e)$$
$$\text{Connected}(b,d)$$
$$\text{Connected}(c,d)$$
$$\text{Connected}(c,a)$$
$$\text{Connected}(e,d)$$
$$\text{Path}(x,y):-\text{Connected}(x,y)$$
$$\text{Path}(x,y):-\text{Connected}(x,z),\text{Path}(z,y)$$

可以对它提问：

$?-\text{Path}(a,b)$

　　yes

$?-\text{Path}(a,d)$

　　yes

$?-\text{Path}(a,x),\text{Path}(e,x)$

　　$x=d$；

　　no

$?-\text{Path}(a,x),\text{Path}(x,e)$

　　$x=c$；

　　$x=b$；

　　$x=d$；

　　no

小结

1. 数理逻辑研究特点：

(1)研究目标——形式逻辑中的演绎推理规律。

（2）研究手段——符号体系与形式化系统。

2. 数理逻辑中的命题逻辑与谓词逻辑是同一种系统，仅是为了介绍方便才区分两个阶段。因此须对数理逻辑有一种新的认识：

（1）数理逻辑（包括命题逻辑与谓词逻辑）是一种统一的系统。

（2）数理逻辑是一个形式化系统，其形成过程分三个层次：

- 首先：由自然语言抽象而得概念；
- 其次：将概念用符号表示，形成概念的符号体系；
- 最后：将符号体系构成形式化系统。

（3）数理逻辑分概念部分、永真公式与推理部分三大部分。

3. 数理逻辑的概念部分：

数理逻辑共十多个概念，它们构成下面的符号体系：

- 个体常量。
- 个体变量。

——约束变量；

——自由变量。

- 谓词（命名式）。
- 谓词填式。
- 量词。

——存在量词；

——全称量词。

- 命题变元。
- 命题常元。
- 联结词。
- 公式。
- 永真公式（重言式）。
- 蕴涵重言式与等价重言式。
- 指派与解释。
- 推理。

——蕴涵推理；

——等式推理。

4. 数理逻辑的永真公式部分：

（1）永真公式分等价永真与蕴涵永真公式两大部分。

（2）一个等价永真公式可分成两个蕴涵永真公式。

(3)常用永真公式有 57 个等价永真公式;27 个蕴涵永真公式。

(4)永真公式是推理的基础。

5. 数理逻辑的推理部分

(1)推理是本章讨论的核心。

(2)三种推理:

• 真值表推理及解释推理——简单但不可行的方法。

• 自动推理——通过自动定理证明的方法,即消解法,用计算机软件实现自动推理此种推理。

• 形式推理——符合人类推理思维方法,是数理逻辑研究重点。它分为等式推理与蕴涵推理,而以蕴涵推理为主。

——等式推理方法:以等价永真公式与推理规则为基础,以推理过程为手段构造而成。

——蕴涵推理方法:以蕴涵永真公式及蕴涵推理规则为基础,以推理过程为手段构造而或。

习题

6.1　公式 $\neg(P \wedge (Q \rightarrow \neg P))$ 的真值指派为 F 的 P,Q 的真值是下列 4 个中的哪一个?

(1)(T,F)　　　　　　　　　　　(2)(T,T)

(3)(F,T)　　　　　　　　　　　(4)(F,F)

6.2　与命题公式 $P \rightarrow (Q \rightarrow R)$ 等值的公式是下列 4 个中的哪一个?

(1)$(P \vee Q) \rightarrow R$　　　　　　　　(2)$(P \rightarrow Q) \rightarrow R$

(3)$(P \wedge Q) \rightarrow R$　　　　　　　　(4)$P \rightarrow (Q \vee R)$

6.3　命题公式 $(P \wedge Q) \rightarrow P$ 是下列 3 个中的哪一个?

(1)永真式　　　　　　　(2)永假式　　　　　　　(3)非永真可满足式

6.4　由前提 $A_1, A_2, \cdots, A_k$ 推出结论 B 的推理正确,则 $A_1 \wedge A_2 \wedge \cdots \wedge A_k \rightarrow B$ 应为下列 3 个中的哪一个?

(1)非永真可满足式　　　　(2)矛盾式　　　　　　(3)重言式

6.5　设 P:2是素数,Q:3是素数,R:$\sqrt{2}$ 是有理数,下列命题中是假命题的为哪一个?

(1)$(P \vee Q) \rightarrow R$　　　　　　　　(2)$(P \wedge Q) \rightarrow P$

(3)$R \rightarrow (P \vee Q)$　　　　　　　　(4)$(R \vee P) \leftrightarrow Q$

6.6　设 P,Q 为命题,复合命题"如果 P 则 Q"称为 P 与 Q 的＿＿＿＿＿＿,记作＿＿＿＿＿。

6.7　设命题公式 $G = P \wedge (\neg Q \vee R)$,则使 G 的真值为 T 的指派是＿＿＿＿＿,

_____,_____。

6.8 命题公式 $P \rightarrow (P \vee \neg P)$ 的真值是_____。

6.9 判别下列语句是否命题? 如果是命题,指出其真值。

(1)中国是一个人口众多的国家; (2)存在最大的素数;

(3)这座楼可真高啊; (4)请你跟我走;

(5)火星上有生命。

6.10 将下列命题符号化:

(1)虽然交通堵塞,但是老王还是准时到达了火车站;

(2)张小宝是三好生,他是北京人或是河北人;

(3)除非天下雨,否则我骑车上班。

6.11 设命题 P,Q 真值为 F,R,S 的真值为 T,求公式 $(P \leftrightarrow R) \wedge (\neg Q \vee S)$ 的真值。

6.12 判定命题公式 $(P \rightarrow (P \wedge Q)) \vee R$ 是否为可满足式?

6.13 判断 $P \rightarrow (Q \rightarrow R) \Leftrightarrow P \wedge Q \rightarrow R$ 成立(用真值表法、等式推理法)。

6.14 化简 $(A \wedge B \wedge C) \vee (\neg A \wedge B \wedge C)$。

6.15 已知 P,Q,R 的真值表如下表,试用 P,Q 和联结词 $\neg$,$\rightarrow$,$\wedge$ 构造命题公式 A,使得 A 与 R 等值。

P	Q	R
F	F	F
F	T	T
T	F	T
T	T	F

6.16 试用多种方法证明 $\neg (P \wedge \neg Q) \wedge (\neg Q \vee R) \wedge \neg R \Rightarrow \neg P$。

6.17 试证明 $(P \rightarrow (Q \rightarrow R)) \wedge (\neg S \vee P) \wedge Q \Rightarrow S \rightarrow R$。

6.18 谓词公式 $\forall x (P(x) \vee \exists y R(y)) \rightarrow Q(x)$ 量词 $\forall x$ 辖域是下 4 个中的哪一个?

(1) $\forall x (P(x) \vee \exists y R(y))$; (2) $P(x)$;

(3) $P(x) \vee \exists y R(y)$; (4) $Q(x)$。

6.19 谓词公式 $\exists x A(x) \wedge \neg \exists x A(x)$ 的类型是下列 3 个中的哪一个?

(1)永真式;

(2)矛盾式;

(3)非永真式的可满足式。

6.20 设个体域为整数集,下列公式中其真值为 T 的是哪几个?

(1) $\forall x \exists y (x + y = 0)$;

(2) $\exists y \,\forall x (x+y=0)$;

(3) $\forall x \,\forall y (x+y=0)$;

(4) $\exists x \,\exists y (x+y=0)$。

6.21 设 $L(x)$：x 是演员，$J(x)$：x 是老师，$A(x,y)$：x 佩服 y，那么命题"所有演员都佩服某些老师"符号化为（　　）。

(1) $\forall x L(x) \rightarrow A(x,y)$;

(2) $\forall x L(x) \rightarrow \exists y (J(y) \wedge A(x,y)))$;

(3) $\forall x \,\exists y (L(x) \wedge J(y) \wedge A(x,y))$;

(4) $\forall x \,\exists y (L(x) \wedge J(y) \rightarrow A(x,y))$。

6.22 在谓词演算中，$P(a)$ 是 $\forall x P(x)$ 的有效结论，根据是下面 4 个中的哪一个？

(1) US 规则；　　　　　　(2) UG 规则；

(3) ES 规则；　　　　　　(4) EG 规则。

6.23 公式 $\forall x (P(x) \rightarrow Q(x,y)) \vee \exists x R(y,x) \rightarrow S(x))$ 中的自由变元是_____，约束变元是_____。

6.24 设个体域 $D=\{a,b\}$，消去公式中的量词，则 $\forall x P(x) \wedge \exists x Q(x) \Leftrightarrow$_____。

6.25 设个体域是整数集合，命题 $\exists y \,\forall x (x*y=0)$ 的真值为_____。

6.26 设个体域是 $\{1,2\}$，命题 $\forall x \,\exists y (x+y=3)$ 的真值为_____。

6.27 将下列命题符号化：

(1) 有某些实数是有理数；

(2) 所有的人都呼吸；

(3) 每个母亲都爱自己的孩子。

6.28 设个体域 $D=\{$岳飞，文天祥，秦桧$\}$，谓词 $F(x)$：x 是英雄，求 $\forall x F(x)$ 的真值。

6.29 指出公式 $\forall x \,\forall y (R(x,y) \vee L(y,z)) \vee \exists x H(x,y)$ 中量词的每次出现辖域，并指出变元的每次出现是约束出现，还是自由出现，以及公式的约束变元，自由变元。

6.30 试证明下面定理成立：

(1) $\exists x (A(x) \wedge B(x)) \rightarrow \exists x (A(x) \wedge \exists x B(x))$;（它即为 P_{18}）

(2) $\forall x A(x) \vee \forall x B(x) \rightarrow \forall x (A(x) \vee B(x))$。（它即为 P_{19}）（提示：可用 P_{18} 证明之）

6.31 试证明下面的定理成立：

(1) $\forall x (P(x) \rightarrow Q(x)) \rightarrow (\exists x P(x) \rightarrow \exists x Q(x))$;

(2) $\exists x \,\forall y P(x,y) \rightarrow \forall y \,\exists x (P(x,y))$;

(3) $\exists x \,\exists y P(x,y) \rightarrow \exists y \,\exists x P(x,y)$。

6.32 证明下列推理是有效的：

前提：每个非文科一年级学生都有辅导员。

小王是一年级学生；

小王是理科生；

凡小王的辅导员都是理科生；

所有理科生都不是文科生。

结论：至少有一个不是文科生的辅导员。

第7章 离 散 建 模

学习离散数学的重要目的是为了离散建模,即用离散数学做工具,研究与解决计算机领域中所出现的问题。

在计算机科学与技术的发展中,离散数学起着重要的作用。此外,离散数学在构造计算机应用模型,如电力故障诊断模型、电话恶意欠费模型、物流调度模型中,以及印制电路排版中都起着重要的作用。

以上所述的一切,都是通过离散建模的方法实现的。因此,离散建模是离散数学与计算机科学技术、IT 技术、计算机应用间的联系桥梁,也是学习离散数学的根本目的之所在。

在本章中,共分两个部分介绍离散建模:第一部分介绍离散建模的基本概念、方法与步骤;第二部分介绍四个有代表性的离散建模实例。

7.1 离散建模概念与方法

7.1.1 离散建模概念

在客观世界中往往需要有许多问题等待人们去解决,而解决的方法很多,最为常见的方法是将客观世界中的问题抽象成一种形式化的数学表示称数学模型,从而将对问题的求解变成为对数学模型的求解(或称证明)。而由于人们对数学的研究已有数千年的历史,并已形成了一整套行之有效的数学求解的理论与方法,因此用这种数学方法去解决实际问题可以取得事倍功半的作用。而采用这种方法的关键之处是数学模型的建立,它称为数学建模,而当这种数学模型是建立在有限集或可列集(也称可数集)之上时,此种模型称离散模型。而由客观世界问题抽象成离散模型的过程称离散建模。用离散建模求解问题的方法称离散建模方法,简称离散建模。

由于计算机科学是一种以离散对象为研究目标的学科,因此,离散建模特别适合于计算机学科领域以及计算机应用领域。离散建模也适合于其他以离散对象为研究目标的学科如数据通信、自动控制等多种领域。

7.1.2 离散建模方法

离散建模是一种求解问题的方法。下面,对该方法做介绍。

1. 两个世界理论

在离散建模中有两个世界,一个是现实世界另一个是离散世界或称抽象世界。现实世界是一个丰富多彩的世界也是一个复杂的世界,它不断提出问题及产生问题并形成求解的问题,但是它的复杂性与丰富性使得问题不易解决,因此需要籍助于一些工具以协助解决之,而数学方法则是一种有效的工具,在数学作为工具时需要建立一个相对简单、单纯的环境用于专门解决问题的世界称数学世界,而当用离散数学作为工具时的世界则称离散世界。离散世界具有三个特性:

• 离散世界采用离散数学语言,该语言具有抽象性与简洁性。它是一种形式化符号体系。

• 离散世界中的环境与平台简单,它在离散建模时设立,可以屏蔽大量无关信息对问题求解的干扰。

• 在离散世界中可以大量利用数学中的求解方法,使得问题求解变得极为方便。

离散世界中的这三个特性,使它非常适合于现实世界中问题的求解。

2. 两个世界的转换

为求解问题,必须将现实世界中的问题转换成(或称抽象化)离散世界中的离散模型。然后对离散模型求解,最后将所得的解由离散世界逆向转换(或称语义化)成现实世界问题的解,因此在离散建模方法中需要构造两种转换,即由现实世界问题到离散世界中模型的转换,以及由离散世界中获得的解到现实世界问题解的逆转换,而其中第一种转换尤为重要,这种转换称为离散建模。

下面,对两种转换做介绍:

(1)现实世界到离散世界的转换:现实世界到离散世界的转换又称离散建模或简称转换。它实际上是将现实世界中的问题转换成离散世界中的离散模型。这种过程是将问题采取屏蔽语义、简化环境、强化关系的方法并形成一种抽象化、形式化模型的过程。在转换时所要采用下面几种手段:

• 选取一种离散语言,亦即是选择一个离散数学学科门类,如图论,代数系统,数理逻辑及关系等,也可以选择其中的一些子门类如图论中的树,代数系统中的群论等等,以此学科的符号体系作为一种形式语言称离散语言。

• 从问题中确定离散模型的基本对象集合。

• 从问题中确定离散模型基本对象间的各种关系,如对象间的静态结构、动态行为以及约束规则等。

• 用离散语言描述这些集合、关系(包括结构,行为与规则)并组成离散模型。

(2)从离散世界到现实世界的转换。该转换是一种语义化的转换,是一种逆向转换,称为逆转换。在该转换中是将离散模型的解转换成问题中的解。由于离散世界中解的形式是一种形式化符号体系,没有任何语义,只有赋予问题域中语义后才成为问题中的解。

3. 离散模型求解

现实世界问题的直接求解往往缺少工具与方法而困难重重,因此通过间接的方法用离散模型求解,即用数学方法求解。由于数学中有众多的求解理论与方法,因此现实世界中的困难问题到了数学中会变得非常简单。

两个世界理论、两个世界转换与离散模型求解构成了完整的离散建模方法,可用下面图7.1表示之。

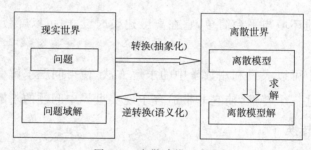

图 7.1 离散建模示意图

4. 五个过程

离散建模方法的整个过程可以用下面几步表示:

(1)在现实世界中给出问题;

(2)将问题抽象成离散模型——离散建模;

(3)离散模型求解;

(4)解的语义化;

(5)问题的解。

这五个过程可以用图7.2表示。

在离散建模方法的五个过程中如果问题为计算机领域中问题则称此建模方法为计算机离散建模方法;但在大量应用中其问题并非为计算机中问题(如电力系统中,如话费计算中等)此时须用计算机直接解决时会产生一些困难,因此须用离散建模方法将其转换成为对数学模

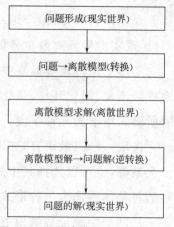

图 7.2 离散建模方法的五个过程

型的求解,而此时再用计算机协助求解并获得解。此种建模方法称为计算机应用离散建模方法。

因此,我们说离散建模方法与计算机学科关系紧密性主要表现在计算机离散建模方法及计算机应用离散建模方法这两种方法中。

7.1.3 离散建模方法的五个步骤

在离散建模方法实际操作中须有若干个步骤的操作:

(1)问题形成;

(2)离散模型形成;

(3)离散模型检验与修改;

(4)离散模型求解;

(5)解的语义化及问题解的获得。

下面分别进行介绍。

1. 问题形成

问题形成(又称需求描述)是离散建模的第一个步骤,在该步骤中形成现实世界中的问题。它一般给出下面一些内容:

(1)问题边界。须要确定问题的边界,即是在实现世界中划定一个范围,给出须探讨的问题之所在。确定我们所研究与注视的问题的目标与对象,建立我们所思考与解决问题的范围。

(2)问题环境。须给出问题域中的环境,即是问题所处的客观世界背景与条件(是一些特殊关系)。

(3)问题中的客体描述。须对问题中所研究的各类客体做描述。

(4)问题中客体间关系的描述。包括客体间的静态关系与动态关系。

(5)问题中客体间所应遵守的规则描述。问题中客体间应遵守一定的行为规范与约束(也是一些特殊关系)。

(6)问题中解及求解需求描述。

上面的六个内容给出了问题的已知部分及未知求解部分的描述。

2. 离散建模及离散模型形成

离散建模是由现实世界中的问题到离散世界中的离散模型的转换过程,这是整个离散建模的关键步骤。在此步骤中对问题采用"去粗取精、去伪存真,由此及彼,由表及里"的手段,将问题抽象成为离散世界中的数学模型。在构建离散模型中一般要给出如下内容:

(1)选择一种离散语言,用以作为构建离散模型的形式化工具。

(2)如选用图论做形式化工具,则其研究对象用集合表示,研究内容用图中边表示,最后的模型是一个图结构形式。

(3)如选用数理逻辑做形式化工具,则其研究对象用个体域表示,研究内容用谓词、谓词公式表示,最后的模型是一组谓词公式。

(4)如选用代数系统做形式化工具,则其研究对象用集合表示,研究内容用运算表示,最后的模型用代数表达式等表示。

在离散建模后,现实世界中的问题就成为用离散语言表示的数学模型。

3. 模型的检验与修改

在初次离散模型建成后,往往比较粗糙,并不一定完全满足问题的要求,此时需要对模型做检验并不断修改与调整,使之能适应问题的需求。模型的检验是现实世界与离散世界间反复不断协调与适应的过程。通过模型检验并修改,最终得到一个满足问题要求的离散模型。

4. 模型求解

在模型确定后,对问题的求解就成为对离散世界中离散模型的求解(又称数学证明)。离散模型求解方法有多种,根据所采取的不同离散语言,可以有不同求解方法,它们是:

(1)数理逻辑:求解方法为推理,包括形式化推理(人工推理)及消解法(计算机推理),它的解是一组公式(证明过程、定理)。

(2)图论:求解方法为图结构的矩阵计算法(可用计算机计算),其解是一个矩阵值。

(3)代数系统:求解方法为代数等式推演与代数运算(可用计算机计算)。

5. 解的语义化——问题解的获得

离散世界中离散模型的解是一种数学形式的表示,它在被问题接受前必须赋予问题中的语义,这种语义实际上是离散模型形成时所抽象的语义之逆。因此,只要将这种语义进行复原即可获得解的语义。然后再对问题的具体情况,对解进行适当优化,即可得到问题的解。

本节将对若干离散建模例子做介绍,它包括计算机离散建模方法及计算机应用离散建模方法等两种。内容分别用集合、关系、图论、代数系统、数理逻辑等做离散模型。所选例子均是有代表性的著名实例。

7.2　操作系统中死锁检测的离散建模

在操作系统中经常会出现死锁现象,这种现象的表现形式为一方面计算机中有多个进程请求运行,但它们均无法运行;而另一方面整个计算机又完全处于空闲状态,这种现象即称为死锁现象。为解决死锁现象,首先要有能发现死锁现象出现的能力,这就是死锁检测。为解决此问题,我们应用离散建模,将死锁现象出现归结成为图论中图的回路问题,同时通过矩阵计算,可得到产生回路的计算值。这样,将死锁检测就归结成矩阵计算中的计算值的问题。用此种方法后较方便的解决了死锁检测问题。下面,对此问题离散建模方法进行介绍。

1. 问题形成

死锁检测为操作系统中死锁现象出现提供实时报警信号。操作系统是管理计算机资源,协调计算机用户与资源间的关系,为用户在计算机中运行提供支撑的一种软件。而死锁现象则是用户间为争夺资源而产生的一种矛盾,因此,及时发现矛盾及化解矛盾是操作系统职能。

在操作系统中有两种重要的注视目标:"资源"与"进程":

(1)资源:操作系统是管理计算机中资源的机构,而计算机中的资源包括有 CPU 资源,内存资源,外围设备资源(如打印机等)等多种。

(2)进程:在计算机中往往可运行多个程序,而运行的程序称为进程。在资源与进程之间存在着紧密的关联,它们是:进程需要资源,只有有了充足的资源,进程才能运行。

进程在运行前需申请资源,在获得资源后才能运行,在运行过程中还不断申请资源以获得继续运行的权力,同时也不断释放资源,供其他资源使用;而当进程申请的资源无法得到时,它必须等待,直到它进程对该资源释放后此进程才能获得该资源并继续运行直至进程结束。因此,进程与资源的关系是一种动态关系,其演化过程如图 7.3 所示。

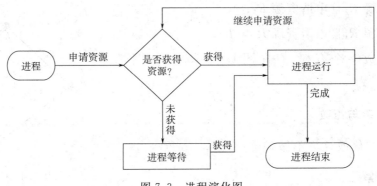

图 7.3　进程演化图

而死锁的产生则是进程演化中的一种特殊现象。如进程甲占有资源 A 同时又申请资源 B,与此同时进程乙占有资源 B 同时又申请资源 A,此时两进程都无法申请到所需资源,因此只能等待,而等待是无期限的,因而称为死锁。推而广之,对多个进程与多个资源可能还会出现多个进程循环等待的现象,这就是一般意义上的死锁。

在操作系统中死锁的出现往往很难在短时间内发现,只有及时发现才能及时采取措施解除死锁(称解锁)。而死锁的产生实际上就是进程在运行时产生了循环等待资源的现象。因此,能及时发现这种循环等待成为死锁检测的判别标准。

2. 离散建模及模型建立

在对上面的问题做了描述后,我们试图用离散建模方法解决。为此,首先须在离散世界中构造离散模型。它包括如下一些内容:

(1)选择一种离散语言:根据问题描述,该项死锁检测主要研究资源间的一种简单二元关系,因此用图论作为建模工具较为合适。

(2)确定研究对象:在离散建模中,操作系统的基本研究对象集合为资源集合与进程集合,设有 n 个资源与 m 个进程,它们可表示为

资源集合:$R = \{R_1, R_2, \cdots, R_n\}$;

进程集合:$P = \{P_1, P_2, \cdots, P_m\}$。

(3)资源间的关系:进程 P 已占有资源 R_i 且申请资源 R_j 并处等待中,可用有序偶(R_i, R_j)表示。而它们的全体则构成一个关系,称资源申请关系 S。

(4)模型的建立:以 R 为结点以 S 为边可以构成一个有向图 $G = (R, S)$。它组成了进程资源申请的图模型。在这个图中的每个边均有权 P_i,它表示申请资源的进程。

例 7.1 设有操作系统在时刻 t 有四个进程与四个资源,它们分别是:$R = \{R_1, R_2, R_3, R_4\}$,$P = \{P_1, P_2, P_3, P_4\}$。在该时刻的资源分配状况是:

P_1 占有资源 R_4 且申请资源 R_1;

P_2 占有资源 R_1 且申请资源 R_2 与 R_3;

P_3 占有资源 R_2 且申请资源 R_3;

P_4 占有资源 R_3 且申请资源 R_1 与 R_4。

它们可构成一个有权、有向图 $G = (R, S)$ 如图 7.4 所示。

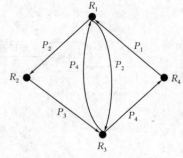

图 7.4 $G = (R, S)$

3. 模型检验与修改

模型检验与修改这里不做讲解。

4. 模型求解

在问题中死锁检验的解是资源循环等待,而在图论模型中相当于图中存在回路。

接着可用可达矩阵计算判别是否出现回路,即可达矩阵的对角线元素中出现有"1"。如可达矩阵为如图 7.5 所示,则判别产生回路的计算公式为 $D' = d_{11}(+) d_{22}(+) \cdots (+) d_{nn} = 1$,式中$(+)$表为布尔加。

$$D = \begin{bmatrix} d_{11} & d_{12} & \cdots & d_{1n} \\ d_{21} & d_{22} & \cdots & d_{2n} \\ \vdots & \vdots & & \vdots \\ d_{n1} & d_{n2} & \cdots & d_{m} \end{bmatrix}$$

图 7.5　可达矩阵表示式

5. 解的语义化

最后在模型中所产生的判别公式 D',可将其语义化为:

当 D' 为 1 时表操作系统已产生死锁;

当 D' 为 0 时表操作系统未产生死锁。

在例 7.1 中,有该图的可达性矩阵,为

$$D = \begin{bmatrix} 1 & 1 & 1 & 1 \\ 1 & 1 & 1 & 1 \\ 1 & 1 & 1 & 1 \\ 1 & 1 & 1 & 1 \end{bmatrix}$$

从而有 $D'=1$,这表明在时刻 t 时系统产生死锁。

6. 点评

死锁检测的离散建模是一种较为简单的离散建模,其特点是:

(1)该离散建模所建模型简单,可以计算且效果好。

(2)该离散建模可以同时用图论与关系实现,但由于在图论中对回路的研究与表示都优于关系,因此用图论较为合适。

(3)在该离散模型中运用图论中的通路与回路以及相应的矩阵计算方法较为方便地解决了死锁问题。

7.3　数字逻辑电路的离散建模

布尔代数在电路中的应用始于 20 世纪 40 年代,首先应用于继电器电路,接着于 20 世纪 40 年代末至 50 年代初开始应用于电子器件(如电子管)的数字逻辑电路中,为当时正在兴起的数字电子计算机的设计与构建起着关键性作用,以此为契机从而建立起一套完整的数字逻辑电路理论体系。在本节中主要介绍用布尔代数建立数字逻辑电路的数学模型的过程。

1. 问题的形成

数字逻辑电路是一种满足下述条件的电子电路:

(1)该电路中有两种电子信号——高电平信号与低电平信号;

（2）该电路中有若干个门电路，其中常用的是或门、与门以及非门三种。

由若干个门通过线路将它们连接起来构成具有一定逻辑功能的电路称为数字逻辑电路。

在电路中当信号经线路通过门时会发生一些变化，其变化规则是：

与门：当两个高电平信号经过与门后会输出高电平；其他情况下均输出低电平信号。

或门：当两个低电平信号经过或门后会输出低电平；其他情况下均输出高电平信号。

非门：当一个高（低）电平信号经过非门后输出低（高）电平信号。

这三个门的图形符号如图 7.6 所示，图 7.7 给出了一个数字逻辑电路的例图。

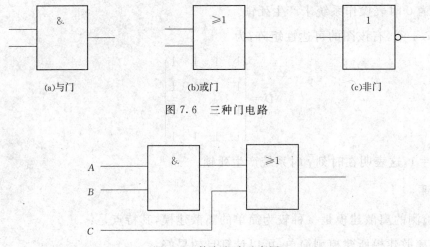

(a)与门　　　　　　　　(b)或门　　　　　　　　(c)非门

图 7.6　三种门电路

图 7.7　数字电路示意图

在数字逻辑电路中所需解决的问题是：

（1）如何设计一个满足一定逻辑功能要求的数字逻辑电路。

（2）这种逻辑电路的门的个数是最少的。

（3）为工艺上实现方便起见，仅用一个门能替代其他更多的门。

2. 离散建模及离散模型形成

针对上述问题的需求，接着建立数字逻辑电路的离散模型。

（1）选择离散语言。可以选用代数系统中的布尔代数作为离散语言，用高、低电平信号分别表示代数系统中的集合中的两个元素，用三种运算分别表示三个门，这样所构成的布尔代数可以表示数字逻辑电路，而利用布尔代数中的运算规则可以去解决问题域中所需解决的一些问题。

当然，还可以选用命题逻辑作为离散语言去解决问题域中的问题，但考虑到逻辑解决问题的手段是"推理"，而在此问题域中所展示的求解问题以及从后续发展的需求看，采用代数系统的"运算"手段较为合理。因此，可选用布尔代数作建模的离散语言。经过实践证明,这种选择是正确的。

(2)确定研究对象。在数字逻辑电路中有两种研究对象:

• 信号对象:高电平、低电平。

• 门对象:或门、与门、非门。

其中信号对象构成了一个具有两个元素的集合{0,1},其中高电平为元素 1,低电平为元素 0。而门对象组成三种运算:＋、×、－,分别对应或门、与门、非门。

(3)对象间的关系。信号对象经由门对象可以建立一种运算关系,即运算组合表,如图 7.8 所示。

＋	0	1
0	0	1
1	1	1

(a)

×	0	1
0	0	0
1	0	1

(b)

－	
0	1
1	0

(c)

图 7.8　三种运算组合表

(4)模型的建立。根据上面的分析可以建立起一个布尔代数——开关代数作为数字逻辑电路的离散模型。在这个模型中一个数字逻辑电路可以用一个开关代数的表达式表示,反之亦然。如图 7.7 所示的数字逻辑电路,可用下面的公式表示:

$$(A＋B)×C$$

3. 模型检验与修改

由于所选用的模型均已经过多次修改与检验并已定型,因此,这个步骤就可以省略了。

4. 模型求解

(1)设计一个满足一定逻辑功能的数字逻辑电路。此问题在模型中即依据布尔映射表,构造积的和展开式的过程。模型的解是一个布尔函数积的和展开式。

(2)实现一个具最小门数的数字逻辑电路。此问题在模型中即利用布尔代数中的性质进行推导,获得个数运算符个数较少的公式。(注意:从理论上并不能证明对任一公式必可获得运算符个数最小的公式)此种过程称布尔代数化简。

(3)找到一个门,用它取代其他的门,也能实现数字逻辑电路的全部功能。此问题在模型中即找到一个运算符能取代其他运算符,它即谢弗运算或魏泊运算:

$$a \downarrow b = \overline{(a×b)}$$

$$a \uparrow b = \overline{a＋b}$$

从而有

$$\overline{a}=a\uparrow a; a\times b=(a\uparrow a)\uparrow(b\uparrow b); a+b=(a\uparrow b)\uparrow(a\uparrow b)$$

$$\overline{a}=a\downarrow a; a+b=(a\downarrow a)\downarrow(b\downarrow b); a\times b=(a\downarrow b)\downarrow(a\downarrow b)$$

因此,可以用"↑"或"↓"取代其他运算,组成仅有一个运算符的布尔代数表达式。

5. 解的语义化

(1)设计一个满足一定逻辑功能的数字逻辑电路。此问题的解即将布尔函数的积的和展开式画成电路图。

(2)电路化简。此问题的解即是将化简后的布尔表达式画成电路图。

(3)找到一个门可以取代其他所有门

将运算符"↑"与"↓"构造两个门,它们分别称为"与非门"与"或非门"。其电路中表示形式可见图7.9(在目前的数字逻辑电路中均用与非门为多见)。

(a)与非门   (b)或非门

图 7.9　与非门与或非门电路表示图

6. 点评

数字逻辑电路的离散建模是离散数学在现代计算机中的首次重大应用,奠定了离散数学在计算机中的重要地位,由此应用为起点,发展成为一门独立的"数字逻辑电路"学科。

此项建模说明:

(1)一个问题可以有多种离散语言用以求解,而并非仅有一种,而其选用原则是根据离散语言的特点以及问题的需求统一权衡而定。

(2)此离散建模方法简单、效果好因此迅速为计算机界所接受并推广至自动控制、通信等多个领域。

(3)这是一种典型的计算机离散建模方法,其问题是计算机硬件电路组成的重要问题。

下面,给出计算机运算器中的半加器和全加器设计的例子。

例 7.2　设计一个二进半加器的数字逻辑电路。

二进半加器是计算机中运算器的一个部件,有两个输入端与一个输出端:a、b 与 h,分别表示二进制被加数、加数与和。半加器的逻辑示意图如图 7.10 所示。半加器的逻辑功能要求可用布尔映射表 7.1 表示,根据该表可以得到相应的积的和展开式如下:

$$h=(\overline{a}\times b)+(a\times\overline{b}) \tag{7-1}$$

表 7.1　半加器的布尔映射表

a	b	h
0	0	0
0	1	1
1	0	1
1	1	0

图 7.10　半加器逻辑示意图

表达式 h 一般讲已不能化简,根据它即可得到相应的电路图。(请读者自行画出)。由于目前在电路中都用与非门,因此还可以将公式写成为:

$$h=(\overline{a}\uparrow b)\uparrow(a\uparrow\overline{b}) \tag{7-2}$$

它可画成电路图如图 7.11 所示。

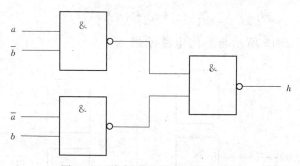

图 7.11　半加器的"与非门"电路图

例 7.3　设计一个二进全加器的(数字逻辑)电路。

二进全加器是计算机中运算器的核心部件,一个全加器有三个输入端与两个输出端:a、b、c 与 d、c'。其中 a、b 分别为二进被加数与加数,d 为 a 与 b 的和,而 c 与 c' 则分别表示低位的进位数以及向高位的进位数。整个全加器的逻辑示意图如图 7.12 所示。

全加器的逻辑功能可用布氏映射表表示(见表 7.2)。由该表可得到相应的积之和展开式。

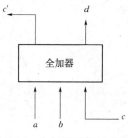

图 7.12　全加器逻辑示意图

表 7.2　全加器的布尔映射表

a	b	c	d	c'
0	0	0	0	0
0	0	1	1	0
0	1	0	1	0
0	1	1	0	1
1	0	0	1	0
1	0	1	0	1
1	1	0	0	1
1	1	1	1	1

$$d=(\bar{a}\times\bar{b}\times c)+(\bar{a}\times b\times\bar{c})+(a\times\bar{b}\times\bar{c})+(a\times b\times c)$$

$$c'=(\bar{a}\times b\times c)+(a\times\bar{b}\times c)+(a\times b\times\bar{c})+(a\times b\times c)$$

可以对以上两式做化简：

$$d=(((\bar{a}\times b)+(a\times\bar{b}))\times\bar{c}+(((\bar{a}+b)\times(a+\bar{b}))\times c)=h\times\bar{c}+\bar{h}\times c \qquad (7\text{-}3)$$

式中 $h=(\bar{a}\times b)+(a\times\bar{b})$。

$$c'=(a\times b)+(h\times c) \qquad (7\text{-}4)$$

最后,可以得到相应的电路图(请读者自行画出)。

由于在数字逻辑电路中一般都用与非门,因此还可以将式(7-3)、式(7-4)用等式转换得到

$$d=(h\uparrow\bar{c})\uparrow(\bar{h}\uparrow c) \qquad (7\text{-}5)$$

$$c'=(a\uparrow b)\uparrow(h\uparrow c) \qquad (7\text{-}6)$$

上述两式可用图 7.13 所示与非门电路图表示。

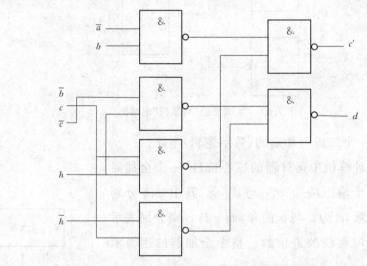

图 7.13 用与非门构成的全加器电路图

7.4 智力测验——水容器问题的离散建模

水容器问题是一种智力测验问题,是一种典型的推理问题,因此可用数理逻辑建模。它的解是一个证明,因此用形式化推理方法。下面,进行介绍:

例 7.4 试证明下列的智力测验题目(水容器问题)。

1. 问题形成

设有两个水容器分别能盛水 7 L 与 5 L,开始时两容器均空,允许对容器做三项操作:

(1)容器倒满水。

(2)将容器水倒光。

（3）将水从一容器倒至另一容器，使一容器倒光或另一容器倒满。

最后要求能否用三项操作使大容器（盛 7 L 的容器）中有 4 L 水。具体要求如图 7.14 所示。

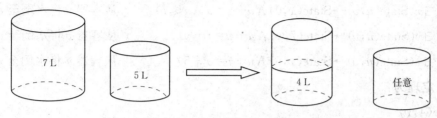

图 7.14　水容器问题示意图

（1）问题边界：两个水容器间倒水操作。

（2）问题环境：需两个水容器及相应的水。

（3）问题研究对象：为容器中水的容量。

（4）问题对象间的关系：两个水容器间的水容量关系、每个容器水容量满足的性质（包括水满、水空以及满足一定数量特性）。此外，还包括容器间的倒水关系：倒满、倒空。一容器倒水至另一容器使一容器倒空或另一容器倒满（这是动态关系）。

（5）问题对象所遵守的规则：大容器水容量最高值为 7 L；小容器为 5 L。操作开始时均为 0 升。

（6）问题中解的描述：大容器中水容量为 4 L；小容器数量可任意。

2. 离散建模

（1）离散语言选择

此问题以推理为特色，因此选用数理逻辑中的谓词公式为其离散语言较为合适。而推理方法既可采用形式化推理也可用消解法，在这里，用形式化推理方法。

（2）研究对象：两个个体域分别表示大、小容器中的水容量，它们分别可用 $D=\{1,2,3,4,5,6,7\}$ 及 $E=\{1,2,3,4,5\}$ 表示，而其上的个体变量分别用 u、v 表示。

（3）两个容器中水容量间关系可用状态 $State(u,v)$ 表示。

（4）两个容器中水容量间的动态关系 $S(u,v) \rightarrow S(x,y)$。

（5）两个容器中水容量间的约束关系是 $0>=u<=7,0>=v<=5$；操作开始时状态为 $State(0,0)$。

（6）解的表示：$State(4,v)$。

（7）模型的建立。该模型为一组谓词公式，前提是：

W_1	$State(0,0)$	开始时两容器为空；
W_2	$State(u,v) \rightarrow State(7,v)$	将大容器倒满水；
W_3	$State(u,v) \rightarrow State(u,5)$	将小容器倒满水；

W_4	$State(u,v) \rightarrow State(0,v)$	将大容器水倒光；
W_5	$State(u,v) \rightarrow State(u,0)$	将小容器水倒光；
W_6	$\exists y(State(u,v) \rightarrow State(0,y) \wedge u+v=y \wedge y \leqslant 5)$	从容器 u 将水倒至 v 使 u 空；
W_7	$\exists x(State(u,v) \rightarrow State(x,0) \wedge u+v=x \wedge x \leqslant 7)$	从容器 v 将水倒至 u 使 v 空；
W_8	$\exists y(State(u,v) \rightarrow State(7,y) \wedge u+v=7+y)$	从容器 v 将水倒至 u 使 u 满；
W_9	$\exists x(State(u,v) \rightarrow State(x,5) \wedge u+v=x+5)$	从容器 u 将水倒至 v 使 v 满。

求证定理为：

$State(4,v)$

3. 模型检验与修改

（略）

4. 模型求解

模型求解即定理证明：

(1) $S(0,0)$	$P: W_1$
(2) $S(u,v) \rightarrow S(7,v)$	$P: W_2$
(3) $S(7,0)$	$T:$ 分离规则、代入 (1)、(2)
(4) $\exists x(S(u,v) \rightarrow (S(x,5) \wedge u+v=x+5)$	$P: W_9$
(5) $S(2,5) \wedge (7+0=2+5)$	$T:$ ES、分离规则、代入 (4)、(3)
(6) $S(2,5)$	$T:$ 化简规则：(5)
(7) $S(u,v) \rightarrow S(u,0)$	$P: W_5$
(8) $S(2,0)$	$T:$ 分离规则、代入 (7)、(6)
(9) $\exists y(S(u,v) \rightarrow (S(0,y) \wedge u+v=y \wedge y \leqslant 5)$	$P: W_6$
(10) $S(0,2) \wedge (0+2=2 \wedge 2 \leqslant 5)$	$T:$ ES、分离规则、代入 (9)、(8)
(11) $S(0,2)$	$T:$ 化简规则 (10)
(12) $S(7,2)$	$T:$ 分离规则、代入 (11)、(2)
(13) $S(4,5) \wedge (7+2=4+5)$	$T:$ 分离规则、代入 (12)、(4)
(14) $S(4,5)$	$T:$ 化简规则 (13)

5. 解的语义解释

水容器间问题的推理过程为

(1) 两容器为空（W_1）；

(2) 将大容器倒满水（W_2）；

(3) 从大容器将水倒至小容器，使小容器满（W_9）；

(4) 将小容器水倒光（W_5）；

(5)从大容器将水倒至小容器使大容器空(W_6);

(6)将大容器倒满水(W_2);

(7)从大容器将水倒至小容器使小容器满(W_9)。

最终结果为:State$(4, v)$,即大容器中有 4L 水。

6. 点评

本问题是典型的推理例子,因此只能选用数理逻辑作为离散语言,并且采用形式化推理方法实现之。

*7.5 电话线路故障影响分析中的离散建模

电话线路故障分析的离散建模是一个典型的计算机应用离散建模方法,该问题并不属于计算机领域,但在模型求解中需有计算机参与计算。下面对它进行介绍。

1. 问题的形成

在若干个城市间架设电话线路,它们构成一个通信网络,这种网络能使各城市间均能通话。但是线路是会产生故障的,此时对各城市间的通信会受到一定影响,这种影响最主要是造成了某些城市间通信中断,这将对城市生产、生活造成极端的不便。因此,当产生故障后须分析故障所造成的影响,特别是造成哪些城市间通信联络中断以便采取措施迅速弥补所造成的损失。这种分析称为电话线路故障对通信影响的分析,简称电话线路故障影响分析。

(1)在这个问题中的边界为分析电话线路中的故障,会造成哪些城市间通信联络中断?

(2)问题的环境为一个由电话线路所组成的通信网络。

(3)问题的客体有两种:

• 城市:它们是那些由通信网络所连接的城市。

• 线路:它们是那些城市与城市间所架设的线路。

(4)问题中的关系:

• 两城市间如架设有线路,则此两城市间可通话。

• 城市 A 与 B 间可通话,而 B 与城市 C 间架设有线路,则 A 与 C 间可通话。

(5)问题中解的描述:在通信网络中当某些线路产生故障时,网络中那些城市间的通话将会产生中断。

2. 离散建模

(1)选择离散语言。对此问题可选择的离散语言较多,首选的是图论,其次是谓词逻辑。在这里我们选用图论构造模型。

（2）确定研究对象。在图论离散模型中的研究对象为通信网络中的城市的集合，设城市为 $C_1, C_2, \cdots, C_n$，则其研究对象是图中的结点集：

$$C = \{C_1, C_2, \cdots, C_n\}$$

（3）对象间的关系。对象间的关系即为城市间架设有直接的电话线路，是结点集上的边 $e_i = \{e_{i1}, e_{i2}\}$ 组成的集合：

$$E = \{e_1, e_2, \cdots, e_m\}$$

式中

$$e_i = \{C_{i1}, C_{i2}\} \qquad (i = 1, 2, \cdots, m)$$

（4）模型的建立。这个问题域的离散模型即是以 C 为结点集以 E 为边集所组成的无向 (n, m) 图 $G(C, E)$。

（5）模型的解。此模型的解即是在给定的连通图中当某些边元素不存在时是否还是连通，如不连通，则给出不可达的结点对。

3. 模型检验与修改

由于所选用的模型均已经过多次修改与检验并已定型，因此该步骤可以省略。

4. 模型求解

此模型的求解可用矩阵计算的方法如下：

（1）给出模型的邻接矩阵，计算其可达矩阵。即设 G 的邻接矩阵为

$$A = \begin{pmatrix} a_{11}, a_{12}, \cdots, a_{1n} \\ a_{21}, a_{22}, \cdots, a_{2n} \\ \vdots \quad \vdots \quad\quad \vdots \\ a_{n1}, a_{n2}, \cdots, a_{nn} \end{pmatrix}$$

它的可达矩阵为

$$P = \begin{pmatrix} 1, 1, \cdots, 1 \\ 1, 1, \cdots, 1 \\ \vdots \quad \vdots \quad \vdots \\ 1, 1, \cdots, 1 \end{pmatrix}$$

这表示各城市间均能通话（这是话路的初始状态）。

（2）当 G 中边集的某些元素空缺时，它组成一个新的 (n, m) 图 G'，其邻接矩阵为

$$A' = \begin{pmatrix} a'_{11}, a'_{12}, \cdots, a'_{1n} \\ a'_{21}, a'_{22}, \cdots, a'_{2n} \\ \vdots \quad \vdots \quad\quad \vdots \\ a'_{n1}, a'_{n2}, \cdots, a'_{nm} \end{pmatrix}$$

而它的可达矩阵为

$$P' = \begin{pmatrix} p'_{11}, p'_{12}, \cdots, p'_{1n} \\ p'_{21}, p'_{22}, \cdots, p'_{2n} \\ \vdots \quad \vdots \quad \vdots \\ p'_{n1}, p'_{n2}, \cdots, p'_{m} \end{pmatrix}$$

此时查找矩阵 P' 中的每个元素,当某个 $p'_{ij}=0$ 时则表示结点 C_i 与 C_j 间不可达。

5. 解的语义化

(1)当可达矩阵 P 中所有元素均为 1 时,表示预设定的通信网络中各城市均能通话的假设是成立的。否则预设定假设不成立。

(2)可达矩阵 P' 中当 $p'_{ij}=0$ 则表示城市 C_i 与 C_j 间通话中断。

6. 点评

(1)这是一个典型的用矩阵计算求解的例子。

(2)这也是一个典型的计算机应用离散建模方法的例子。在此例中,问题不属计算机领域,但模型求解中可达性矩阵 P 与 P' 的结果获得一般都需要用计算机计算实现。

例 7.5　设有六城市:北京、天津、沈阳、南京、上海、杭州间有通信网络,如图 7.15 所示,大城市间均可进行通话联络。在某年 3 月 3 日,天津与沈阳间线路产生故障,请做出该故障对六城市通话的影响分析;同样情况产生于同年 9 月 8 日在南京与杭州间,也请做出故障影响分析。

解　(1)图 7.15 所示的通信网络图,可用无向图 G 表示之:

$$G=<C,E>$$
$$C=\{B,C,T,N,S,H\}$$
$$E=\{(B,C),(C,T),(T,B),(T,N),(N,H),(N,S)\}$$

其邻接矩阵为

$$A = \begin{pmatrix} 0 & 1 & 1 & 0 & 0 & 0 \\ 1 & 0 & 1 & 0 & 0 & 0 \\ 1 & 1 & 0 & 1 & 0 & 0 \\ 0 & 0 & 1 & 0 & 1 & 1 \\ 0 & 0 & 0 & 1 & 0 & 0 \\ 0 & 0 & 0 & 1 & 0 & 0 \end{pmatrix}$$

经计算后它的可达矩阵为

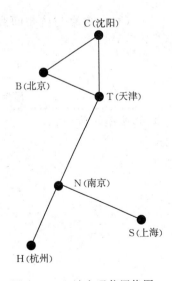

图 7.15　六城市通信网络图

$$P = \begin{pmatrix} 1 & 1 & 1 & 1 & 1 & 1 \\ 1 & 1 & 1 & 1 & 1 & 1 \\ 1 & 1 & 1 & 1 & 1 & 1 \\ 1 & 1 & 1 & 1 & 1 & 1 \\ 1 & 1 & 1 & 1 & 1 & 1 \\ 1 & 1 & 1 & 1 & 1 & 1 \end{pmatrix}$$

（2）当天津与沈阳间的线路产生故障时，此时的通信网络图为

$$G' = <C, E'>$$

$$C = \{B, C, T, N, S, H\}$$

$$E' = \{(B,C), (T,B), (T,N), (N,H), (N,S)\}$$

其邻接矩阵为

$$A' = \begin{pmatrix} 0 & 1 & 1 & 0 & 0 & 0 \\ 1 & 0 & 0 & 0 & 0 & 0 \\ 1 & 0 & 0 & 1 & 0 & 0 \\ 0 & 0 & 1 & 0 & 1 & 1 \\ 0 & 0 & 0 & 1 & 0 & 0 \\ 0 & 0 & 0 & 1 & 0 & 0 \end{pmatrix}$$

经计算后其可达矩阵为

$$P' = \begin{pmatrix} 1 & 1 & 1 & 1 & 1 & 1 \\ 1 & 1 & 1 & 1 & 1 & 1 \\ 1 & 1 & 1 & 1 & 1 & 1 \\ 1 & 1 & 1 & 1 & 1 & 1 \\ 1 & 1 & 1 & 1 & 1 & 1 \\ 1 & 1 & 1 & 1 & 1 & 1 \end{pmatrix}$$

（3）在南京与杭州间线路故障时，其通信网络图的组成则成为

$$G'' = <C, E''>$$

$$C = \{B, C, T, N, S, H\}$$

$$E'' = \{(B,C), (C,T), (T,B), (T,N), (N,S)\}$$

其邻接矩阵为

$$A'' = \begin{pmatrix} 0 & 1 & 1 & 0 & 0 & 0 \\ 1 & 0 & 1 & 0 & 0 & 0 \\ 1 & 1 & 0 & 1 & 0 & 0 \\ 0 & 0 & 1 & 0 & 0 & 1 \\ 0 & 0 & 0 & 0 & 0 & 0 \\ 0 & 0 & 0 & 1 & 0 & 0 \end{pmatrix}$$

经计算后其可达矩阵为

$$\boldsymbol{P}'' = \begin{pmatrix} 1 & 1 & 1 & 1 & 1 & 0 \\ 1 & 1 & 1 & 1 & 1 & 0 \\ 1 & 1 & 1 & 1 & 1 & 0 \\ 1 & 1 & 1 & 1 & 1 & 0 \\ 1 & 1 & 1 & 1 & 1 & 0 \\ 0 & 0 & 0 & 0 & 0 & 0 \end{pmatrix}$$

此时有

$$p''_{61} = p''_{62} = p''_{63} = p''_{64} = p''_{65} = p''_{66} = p''_{16} = p''_{26} = p''_{36} = p''_{46} = p''_{56} = 0$$

(4)由这些解的结果可知：

• 该六城市通信网络图构成了一个各城市间均能通话的网络。

• 某年 3 月 18 日所出现的故障并不影响城市间的通路。

• 某年 9 月 8 日所出现的故障则影响了城市间的通话，主要表现为杭州与其他五城市间通话全部中断。

小结

离散建模由理论与实例两部分组成。

(1)离散建模理论部分由两个世界理论与离散建模步骤两部分内容。

(2)离散建模实例部分由四个实例，包括计算机建模、计算机应用建模等两部分内容。

(3)离散建模理论：离散建模是离散数学与实际应用间的接口。学好离散建模是计算机相关专业学习离散数学的必要环节。

①离散建模概念：

• 离散模型—建立在有限集或可列集(可数集)上的数学模型。

• 离散建模—由客观世界问题域抽象成数学模型的过程。

②离散建模方法：

• 离散建模方法—用离散建模求解问题的方法。

• 计算机离散建模方法—问题属计算机领域的离散建模方法。

• 计算机应用离散建模方法—问题属非计算机应用领域，模型求解用计算机方法的离散建模方法。

③两个世界理论：

• 现实世界与离散世界。

• 两个世界的转换：

——现实世界中的问题⇒离散世界中离散模型。

——离散世界中离散模型的解⇒现实世界中问题的解。

• 离散模型求解。

④离散建模方法的五个步骤：

• 问题形成；

• 离散建模及模型形成；

• 离散模型检验与修改；

• 离散模型求解；

• 解的语义化。

(4)离散建模实例：

①本章对离散建模四个例子做介绍，它涉及离散数学中的三个部分及计算机建模与计算机应用建模两个方面。

②四个例子的特点如表 7-3 所示。

表 7-3　四个例子的特点

例　名	所属领域	离散语言	特　点
数字逻辑电路设计	数字逻辑电路	布尔代数	计算机建模
电话线路故障影响分析	电信	图论	计算机应用建模
水容器问题	人工智能	数理逻辑	计算机建模
死锁检测	操作系统	图论	计算机建模

(5)本章内容重点：两个世界理论。

习题

7.1　试解释下列名词：

(1)离散模型；　　　　　　　(2)离散建模；

(3)离散建模方法；　　　　　(4)计算机离散建模方法；

(5)计算机应用离散建模方法。

7.2　试给出离散建模中的两个世界理论以及两个世界转换方法。

7.3　试给出离散建模的五个步骤。

7.4　在离散建模中关键难点是什么？请给出说明。

7.5　在离散建模中如何选取合适的离散语言？请给出说明。

7.6　在数字逻辑电路设计中可以用数理逻辑作离散语言吗？如可以请给出模型，如不可以请说明理由。

7.7　在你掌握的几种离散语言中,你认为它们在建模中的特色各是什么？是否每个现实世界都可用任一种离散语言表示？请说明理由。

7.8　用谓词逻辑构建电话线路故障影响分析模型。

7.9　用谓词逻辑消解法求证水容器问题的解。

参 考 文 献

[1] 克灵. 元数学导论[M]. 莫绍揆,译. 北京:科学出版社,1984.

[2] 王元元. 离散数学[M]. 北京:科学出版社,1994.

[3] 左孝凌. 离散数学[M]. 上海:上海科技文献出版社,1996.

[4] 任现淼. 计算机数学基础:离散数学[M]. 北京:中央广播电视大学出版社,2000.

[5] 朱洪. 离散数学教程[M]. 上海:上海科技文献出版社,2000.

[6] 利普舒尔茨. 离散数学[M]. 周兴和,等,译. 北京:科学出版社,2002.

[7] 李盘林. 离散数学[M]. 2版. 北京:高等教育出版社,2005.

[8] 黄健斌. 离散数学:精讲、精解、精练[M]. 西安:西安电子科技大学出版社,2006.

[9] 杨炳儒. 离散数学[M]. 北京:人民邮电出版社,2006.

[10] 曹晓东. 离散数学及算法[M]. 北京:机械工业出版社,2007.

[11] 屈婉玲. 离散数学[M]. 北京:高等教育出版社,2008.

[12] 徐洁磐. 离散数学及其在计算机科学中的应用[M]. 北京:人民邮电出版社,2008.

[13] 徐洁磐. 离散数学基础教程[M]. 北京:机械工业出版社,2009.

[14] 徐洁磐. 离散数学导论[M]. 4版. 北京:高等教学出版社,2011.

[15] 徐家福. 计算机科学技术百科全书[M]. 北京:清华大学出版社,2012.

[16] 徐进鸿. 计算机数学基础教程[M]. 北京:中国铁道出版社,2012.

[17] MANNA Z. Mathematical Theory of Computation,New York,Mcgraw-Hill,1974.

[18] CORMEN T,LEISERSON C. E,Revest R. L,Clifford Stain,Introduetion to Algorithms. [影印版]. 北京:高等教育出版社,2002.

[19] FRANK R,MAURICE D. William P. Fox,A First Course in Mathematical Modeling. New York:a Division of Thomson learing,2003.

[20] KENNETH H. Discrete Mathmatics and its Applications[影印版]. 北京:机械工业出版社,2004.